跨世紀黑科技

健康・長壽・逆齡之鑰

神奇植物幹細胞

蔣三寶 ◎ 著

生於細胞 老於細胞
病於細胞 死於細胞

超越現今人類科技知識的黑科技，
引領風騷，探究發現植物幹細胞的奇妙功效，
開啟人體健康、長壽、逆齡、青春的密碼之鑰！

生命的福蔭恩澤

　　觀讀蔣三實博士嘔心瀝血的研究著作《跨世紀黑科技——神奇植物幹細胞》，著實令人歡欣鼓舞，為之喝彩讚歎，其文實質裨益幫助廣大群眾，在面對生老病死苦的生命過程中，延緩色身衰敗老化，抑制諸多疾病蔓延叢生，重建外在的身體健康，也進行內在心靈的排毒淨化，展現整個生命的總體價值。

　　生命科學與佛法體證，是相互彰顯，互為表裡，生命是萬有起源，而生命科學著重動植物生活型態及生命現象的探究，是用實證的科學方法打開生命之門，其研究結果，應用在食品、藥品、醫學、農業、環境工程等產業領域的卓越貢獻，將是科學未來百年中的最大課題及新動力。

　　超越現今人類科技知識的黑科技，引領風騷，能探究發現植物幹細胞的人蔘皂苷，對人體有極奇妙的功效，是造福人

類的偉大貢獻，植物幹細胞是具有自我更新能力和分化潛能的細胞，能適時修復植物體受損的細胞，顯示出卓越的抗衰老特性，幹細胞技術會刺激身體的自然癒合機制，從而實現安全的有效療程，重新喚醒皮膚表面下的休眠纖維，而激活膠原蛋白，進而刺激皮膚再生，減少皺紋，改善整體膚色暗啞，而變得提亮而光滑，因而達到逆齡抗衰老！而神奇的人蔘皂苷能攻克全世界醫學瓶頸，具有諸多效能：能抑制人體內腫瘤細胞分裂再生，提高調節人體免疫功能，能營養神經元，提高中樞神經功能，增強各器官功能，補中益氣，強壯身體，而預防亞健康的狀況出現，還能清理自由基，強化細胞活性，延緩多種衰老症狀的發生，開啟健康、長壽、逆齡、青春的密碼之鑰！

　　生命的臻善圓滿，是身心靈的整體健康，佛法云：「萬法唯心造」，心靈是萬法的主軸，身心是一體的，欲求身體的健康，必須從心靈的淨化做起，身心問題密不可分，絕大部分的身體疾病都是由心理情緒導致的，情緒比外界環境更影響身體，所以體內環保必須從情緒入手，情緒以一種信息方式在神經和經絡傳導，當情緒過大時，傳導神經會受到破壞

堵在那裡，形成一個記憶，身體就像歷史的記事本，藏著所有創傷和故事的記憶，它通常就是以疾病的形式產生，所以真正的療癒，是必須轉化內在的煩惱情緒及負面思維，生活中時時以「存好心．說好話．做好事」端身正行，常懷智慧與慈悲，身心則充盈著光明的正能量，讓美好的心靈與健康的身體，兼容並蓄，開展人生的康莊大道。

　　而生命最美的，就是身心靈健康的活著！

汐止「聖覺寺」

釋自圓

造福人類的著作

　　當蔣三寶博士邀請我為他的第 4 本書《跨世紀黑科技——神奇植物幹細胞》寫推薦序時，著實感到驚喜，雖然他是我在國際獅子會講師班教過的學員，但畢竟所學的專業領域各不相同，只知道他是台灣第一位寫「幹細胞」的專業學者，更知他於 25 年前是台灣第一位寫「幹細胞」專書，以及第一位公開演講的先驅，陸續出過 3 本書《百歲不是夢》、《新流感 H1N1》、《百歲寶典》，均是以人類健康、延齡為主題。

　　今蔣三寶博士以其所學的專業領域再著作第 4 本書《跨世紀黑科技——神奇植物幹細胞》，內容除了國際最新科技「植物幹細胞」的論述外，亦談有世界醫學瓶頸的免疫系統問題，也就是自體免疫疾病的各項難解之症，還有神經系統和癌症問題，在在均有其專業見解，最重要的是內容包括「身、心、靈」啟發。

　　誠如本書一開始提到世界衛生組織（WHO）在國際科學上向世人提出「人類健康四大基數」：一、父母遺傳占15%；二、環境保護占17%；三、醫生治療占8%；四、心態平衡占有60%的比重；可見身、心、靈排毒對人類健康指標是非常重要的一環。

　　看完初稿，的確能體會蔣三寶博士30年來對健康專業的深入與研究深度。　尤其蔣三寶博士歷經兩岸三地和菲律賓超過1,500多場的健康講演，受惠者何其之多！

　　今本人很榮幸受邀參與書寫《跨世紀黑科技——神奇植物幹細胞》的推薦序，想當然，蔣三寶博士這第4本書將再帶給讀者了解最新國際健康科研成果外，更能讓讀者得到最好最新的健康、逆齡資訊。祝福蔣三寶博士本書暢銷大賣，得以造福人類！

苗栗縣商業總會理事長
國際獅子會台灣總會 300-G1 區 2014~2015 總監
逢甲大學中文博士數位媒體設計博士候選人

戴美玉

期望帶領世人走向健康、長壽的新時代

　　「幹細胞」近十年來被廣泛使用（先不論真、假幹細胞），可見幹細胞對於攻克身體疾病、青春永駐、健康無病、延年益壽，已經漸漸讓世界各國肯定。

　　筆者身為台灣第一個公開以「揭開幹細胞的神祕面紗」為主題的專業學者暨演說學者（至今已超過25年），從沒間斷。對於運用「幹細胞」治療難治性疾病，如：心血管疾病、自體免疫性疾病、糖尿病、骨質疏鬆、癌症、老年痴呆症、帕金森氏症、嚴重燒傷、脊髓損傷和遺傳性缺陷……等疾病的治療頗有心得。

　　只是按捺於以往主流醫學期待著都是從人體提取幹細胞做為臨床治療的希望，效果卻時遇瓶頸，而這中間的原由並非人體幹細胞的醫學奇蹟有問題，而是醫科學裡無法純化幹

細胞的基因（如：DNA、RNA），所以效果常打折扣，又因「幹細胞」一詞在國際上得到世界各國學術肯定，是人類健康長壽的靈丹妙藥，竟造就太多偽科學的誇言浮詞宣傳「幹細胞」，使得很多人不知不覺中被騙上當，也讓很多人對「幹細胞」一詞產生懷疑。

其實「幹細胞」確實是人類生命想健康長壽的元素，終究原因就是須把 DNA、RNA 純化，使其成為「幹細胞因子」對人體才不會產生排斥現象，甚至才能活化人體老化死亡的母幹細胞，修復身體組織器官、再生新細胞，以達對人體的健康長壽產生共鳴，這乃生命科學最主要的課題。

然而，國際上對於生命科學技術的求新求變不曾間斷，只是生命科學的三大科譜「克隆技術、基因工程、幹細胞」會為人類創造多少奇蹟呢？

而今要告訴世人的是一項高新技術，已經創造嶄新黑科技成果，170 年前，當科學家一個轉念把研究望向植物時，發現「松柏長青、生生不息」，不僅是奇蹟，更擁有讓人類健康、延壽、凍齡，甚至逆齡的神奇效果，跨世紀的偉大科研即已

引爆全世界！希冀個人傾力之作《跨世紀黑科技——神奇植物幹細胞》一書，將再帶領世人走向希望健康、長壽的新時代！

蔣三寶

跨世紀黑科技
神奇植物幹細胞
目錄

第 壹 部

第　貳　部

【前言】

　　世界衛生組織（WHO）在國際科學上向世人提出「人類健康四大基數」為：

　　一、父母遺傳佔 15％；

　　二、環境保護佔 17％（這包含外在環保與內在環保）；

　　三、醫生治療佔 8％；

　　四、心態平衡佔有 60％ 的比重。

　　然而，世界衛生組織現今公告的，人類應有壽命「健康 7、8、9」、「百歲不是夢」、「健康呷百二」，只是人類因為無知的生活方式，不但病痛纏身，竟讓生命減少 50 年，可惜——遺憾！

　　筆者曾著作三本健康書《百歲不是夢》、《新流感 H1N1 啟示錄》、《百歲寶典》，對生命健康資訊研究不曾間斷，並將對新科技及臨床研究成功發表於國際上的成果，再提筆

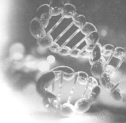

著作第四本書《跨世紀之黑──科技神奇植物幹細胞》，讓世人能真正找回失去的 50 年！書中要點如下文：

★揭開生命科學新元素

★再生生命醫學的新發明

★啟動人體內的自癒念力：心靈、真、善、美學

期望透過本書，能夠引領您──

共同走進「百歲不是夢，健康呷百二」的美好人生！

跨世紀黑科技
──植物幹細胞的神奇

A

　　早在 20 世紀末期，就有人以「基因藝術」為題策劃展覽──當年的研討會課題則包含「人造生命」、「基因工程」、「幹細胞元素」及「不朽的慾望（克隆人、冷凍技術）」等議題，作為大會主題。

　　「生命藝術」（Art of life）在西方世界促進藝術、科技與科學共融的背景下，於過去數十年間儼然如雨後春筍般進入百花齊放之狀態；但究竟具備什麼樣性質的科技，才能創造人類賴於健康、長壽的希望呢？

　　不同的課題是條漫長的道路，解讀基因資訊及從中尋找能完美診斷、治療及防治現存疾病的方法，正如基因的重要皆從其 DNA、RNA 的重組，方能開啟生命醫學的新章，奈何當科技再進步已突破很多人類基因科譜，卻依然存留或多或少的盲點。

B

　　為何世界各國多年來紛紛投入「幹細胞」的研究行列，因世界衛生組織（WHO）對國際上宣佈：人類機體再生、基因重組，將仰賴「幹細胞」的研究進展，因「幹細胞」具有自我更新、高度增值、全身修復和多向分化潛能的功效。在臨床上亦證實要突破中、西醫學瓶頸的希望，肯定要依靠「幹細胞」的活化功能，科學家、醫學家均已認定「幹細胞」不但可治療難治性疾病，而且可避免傳統藥物治療所引起的毒副作用。

　　從理論上來說，「幹細胞」之所以對人類有著特殊功能，是因「幹細胞」在適當的誘導下，不只可分化體內任何類型的細胞，更可在體外無限增值，因這兩項功能使得「幹細胞」能成為最佳的「種子」細胞。取自美國的資料顯示，僅僅在美國就有 1 億的患者可能從「幹細胞」治療得到良好改善。唯一盲點乃基因純化的問題，如果科學家無法做到純化基因組織，對病人依然無法得到良好改善。

　　而今，科學家已從千萬年的植物中淬取「植物幹細胞」，功能不亞於人體各項「幹細胞」功效，重點是「植物幹細胞」

不帶任何基因問題，更沒有排斥作用，這項高新科技的成功，將是世界人類最大的福祉，相信世人追求的健康、延壽美夢會逐漸實現，無法攻克的病症。如：自體免疫疾病、紅斑性狼瘡、類風溼關節炎、牛皮癬、僵直性脊椎炎、銀屑症、漸凍人……等，目前仍是醫學上的瓶頸；但因「植物幹細胞」科研成功，已有治療方案。

然而，科學家仍然日以繼夜的尋找、研究為攻克盲點的技術與元素，正如科學家說：「當地球產生之後，地球上充滿了各式各樣的生物，有一天，當造物者睡著時，人類的設計者又回來找造物者試試看；既造就人類，又如何給人類生、老、病、死？雖然「人生自古誰無死」，至少讓人在有生之年別受病痛折磨。造物者告訴科學家「天地萬物自有相生相映」的道理，天地間存有各種仙丹妙藥，等待開發中，找到了研發成功，自然生命無憂、生活無慮；於是，科學在基因圖譜裡慢慢尋找、仔細研究，終於新科技階段以科學方式突破了主流醫學的認知，造就生命科學的成果「基因工程」、「克隆技術」、「幹細胞分離成功」，在在讓人類生命逐漸延長，全世界人類平均年齡已達80歲。

只是仍不滿意、確認，人類壽命應是 120 歲才是正確的歲數，所以，科學家依然繼續尋找攻克科學的「黑科技」。

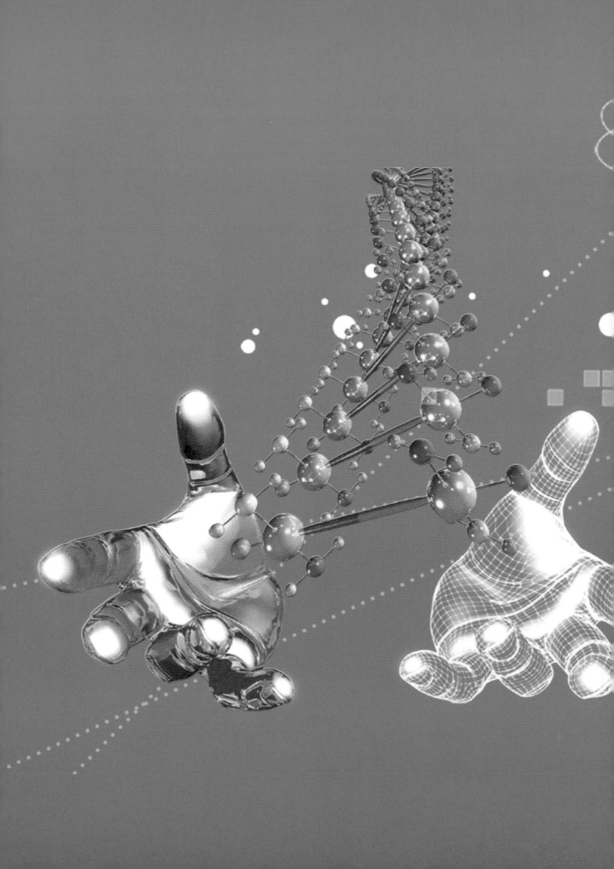

第壹部

第一章
論述：生命科學黑科技

　　生命科學是通過分子遺傳學為主的生命研究活動規律，生命的本質、生命的發育定律，以及各種生物之間和生物與環境之間相互關係的科學，而生命科學發展中起著理論基礎，以及研究闡明本質的重要性，在生物機體內的合成、分解、轉化、代謝，一直都是科學家在追尋健康、延壽的科學論述。

　　然——生命科學緣起關聯著生物學研究（包含植物、動物和微生物）的結構功能發生和發展，其目的在於說明自然科學承啟著控制生命活性，改造自然科學，繼而讓生命科學相互關聯。所以，科學家逐漸從動物基轉衍生至植物基轉，亦掀起新一世紀的高新科技和人類生生相息的重大成果，稱之為「跨世紀黑科技」。

　　何謂「黑科技」？意思指在「全金屬狂潮」中登場的術語，原意指非人類自立研發，凌駕於人類現有的科技之上的知識，

引申為以人類現有的世界觀無法理解的科研。

「黑科技」一詞是說：遠超越人類科技或知識所能及的範疇，缺乏當今科技根據並且違反自然原理的科學技術或產品，簡言之：正常情況下，當前人類無法實現甚至不可能產生的技術，均統稱「黑科技」，其標準是不符合現實世界常理及現有科技水平。

再簡言之：「黑科技」就是不會出現於當下的未來科技，在今日世界卻已亮澄澄地成熟呈現於當下——謂之。

幹細胞的期盼

開啟長生不老之門的鑰匙，向來一直紛擾在人世間裡，人類還是一直有個古老的夢想，透過「長命百歲」、「呷百二」、「壽比南山」……等祝賀之詞不斷地綿延著。近年來「幹細胞」科技研究發展，似乎讓人類長生不老希望又更進一步地活絡起來。

人類到底可活多長歲數？自稱為「萬物之靈」的人類早就體會出「生死有命」。但是，自有史以來，人們還是想盡辦法，除了希望可擁有與天地同壽的生命之外，還可以青春不老，

讓永續的生命也能兼有良好的生活品質。

只是常言道：「人生不滿百」，即使在醫療科技發達的歐美國家，一般人的歲數平均也只約 80 歲。在金氏世界紀錄的紀載，人類最高壽是法國女性讓娜·卡爾芒（Jeanne Louise Calment）122 歲又 164 天（其實應有更長壽的人，只是沒在金氏世界紀錄記載）。然——死亡所造成的歲月限制，並非是人唯一的恐懼，人一旦年紀在慢性疾病或衰老退化的現象，才是失去良好的生活品質最大困擾。

古今中外不乏有人想要得到長生不老的各種藥方，就算是科技發達的現代，人們依然希望可運用科技研發出讓人健康延壽的靈丹妙藥。

由於身體是纖維細胞所組成，生物科學家也從細胞學的研究找到與壽命有關的線索，正常細胞染色體頂端的端粒在細胞分裂的過程中，都會產生不可逆的縮短現象，因此，端粒的長度與細胞分裂次數及細胞的生命期長短有很重要的關係，因此，被認為與細胞分裂能力的戕害和細胞凋亡的程序啟動有很大的關連。我們來將其假設：「如果有那一類的細胞，本身能夠修復其細胞染色體端粒，或衰老細胞和其分裂產生

的組織器官的細胞，這樣就有健康延壽的功效」。

西元 1998 年，當科學家首次分離出「人類的幹細胞（Stem Cell）」時，有關幹細胞的研究已經得到全世界廣泛討論。在西元 1999 年世界十大科技進展中，Science「科學雜誌」公佈出「幹細胞的研究與應用」，當年即名列榜首，並於 2000 年再度入選世界十大科技進展獎。科學家更在臨床上證實「人體幹細胞」的確能修復 21 世紀人類很難攻克的各大疾病，如：心血管疾病、腦和神經元系統的問題、老年性疾病、各種癌症、帕金森氏症和各種傳統醫學無法克服的疾病，證實只有「幹細胞」能修復，只是礙於基因（DNA、RNA）問題，縱使配對成功依然會有排斥性問題，除非能把 DNA、RNA 純化，變成「幹細胞因子」才能解除基因排斥困擾，讓每個人都可使用。但這是相當高科技技術，所以筆者常常提醒國人，「幹細胞」是高科技製品，不是隨手可得的產品，小心受騙上當；只是市面上的偽科學已經誤導太多百姓，願本書能帶給大家更了解「幹細胞」及當今黑科技「植物幹細胞」，真正解開那件神祕面紗，不再讓偽科學、偽宣傳誤導大家。

跨世紀植物幹細胞源起

當世界因生命科學三大技術「克隆（Cloning，複製）、基因工程、幹細胞」陸續被科學家報導後，國際上對人類幹細胞、健康、延壽的希望熱絡開展的同時，170多年前另有科學家發現，地球尚有生命堅強、松柏長青、生生不息，可活幾百年甚至幾千年的植物生存定律。

當一棵樹木被破壞到僅剩一層皮時，很特別的是，這樹竟然在某一處樹幹皮上再次活化重生新的枝幹，然後長出茂盛的新樹幹、新樹葉，甚至能再活上幾百年、幾千年，這不僅是奇蹟，更是科學家所謂的新宇宙現象。簡言之：這就是科學家證實植物的確有著非常活性的「植物幹細胞」，才能在遭受損傷後，非但沒有死亡，還能重新活化再生。

第一節　成功植物幹細胞技術

　　科學家的研究中，發現「植物幹細胞」有全能性，所以「植物幹細胞」的概念一直沒有定論。在近十多年來有關植物組織再生，研究人員表明於「樹芽（莖端）」、「根尖」、「形成層」中都存在一群特殊活性細胞，它們具有自我更新能力，又能產生具有持續分裂能力的活細胞，因此，被科學家們確認是「植物幹細胞」。

　　與「人體幹細胞」一樣，「植物幹細胞」維持同樣受到內源性信號和外源性信號的調控。實際上，「植物幹細胞」和「人體幹細胞」是不同的研製基礎，植物它只能依著生長的特點，決定其能夠根據複雜的環境條件，不斷地調整組織器官的發生和發育進程，植物生長發育的這種可塑性，正是由「樹芽」、「根尖」、「形成層」生長點分生組織中央，有個具有持續分裂能力和分化功能的幹細胞組織結構。根據中國科學院遺傳發育所的科學家們證實，植物「樹芽」、「根尖」、「形成層」擁有的活性分裂能力及分化功能的細胞小分子，稱之

為「植物幹細胞」。

植物可以連續不斷地向上生長、向下發芽，主要原因是「樹芽」、「根尖」都有存在活性特強的全能性細胞，地上部分來自樹芽分生組織，經典結構呈半球穹型，長期保持分生能力的原始細胞及其衍生細胞。植物體地上部分的莖、葉、腋芽、花、果子等各種組織和器官的發生，均是由該部分細胞增生和分化而來。

「根尖幹細胞」的分化與發育研究中，科研人員取得了許多突破性進展，其組織性組成比較簡單，只有主根和側根，主根由胚根發育而來；最初胚根隨著種子的萌發，其幹細胞經歷不同的細胞分裂過程，會導致主根伸長。那「側根幹細胞」大部分均為木質部頂端的中柱鞘，是不同的細胞群，重點是，這些細胞群在自我更新、高度增殖、全身修復、多向分化的作用下，竟然能比美「人體幹細胞」攻克難治性疾病的屏障，更重要的是「人體幹細胞」有著基因（DNA、RNA）的問題，沒能純化成因子，人類是不得隨便使用。而「植物幹細胞」則沒有基因問題，這無疑對人類來說是珍貴難得的跨世紀黑科技的美好時代。人類的健康、延壽，肯定會擁有真實的期盼和嚮往。

第二節　植物幹細胞能淬取的種類

　　植物幹細胞就是植物體內的兩組織細胞，這兩組織細胞分別位於植物的樹芽，又稱頂端分生組織（Shoot Apical Meristem ,SAM）和根尖分生組織（Root Apical Meristem ,RAM）中。植物幹細胞（Plant Stem Cell）是植物體內非常稀少，擁有永恆生命力的細胞（Immortal Cell），它包含有關植物發育和生長的所有程式，是植物生命力的根源（Source）。植物每年都需要長出新的葉子、新的根，樹幹也會不斷加粗增長，而科學家在逐漸成長的樹幹組織的樹皮和木質部中間的幾層年輪細胞，就是所謂的「形成層」，發現它一直不斷產生活化植物細胞群，所以樹枝、樹葉能年年長大更新。

　　「形成層幹細胞」依其特徵可分兩種類型：紡錘狀原始細胞和射線原始細胞。簡單說：木本植物之所以壯大就是因為有形成層，而草本植物矮小就是因為沒有形成層。特別說明：形成層均起源於未分化的活性細胞，才能保持胚性的增生和分化能力，此為科學家證實「形成層為植物幹細胞的活

化處」，所以植物幹細胞正是存在於樹芽、根尖、形成層的分生組織裡，具有非常驚人再生能力，這些使得植物可以在數百年、數千年不斷更新生長，並生成全新的組織器官、永生不老，就是這些植物幹細胞的特性使然。

看看科學家印證 5 千年的狐尾松，身上的幹細胞仍然只有 1 歲，是不朽不死的細胞（Immortal Cell）可全能分化，它帶有植物的基因，所以能分化成植物身上的所有細胞，也能生產該植物所有的植化素，生長迅速，而且不會老化，只要提供充足的養分，它就能不斷地倍增、生長、生命力強；因此，常有人說：「植物活得越久越萬能。」所以稱植物為「萬能幹細胞」，又稱「不會死的幹細胞」。

第三節　全球第一株 人蔘皂苷幹細胞問世

　　細胞是構成植物生命大廈的磚塊，是各種組織器官的結構和功能單位，細胞種類繁多型態各異，是自然界中植物最多樣性的物質基礎。不同種類的細胞最初從哪裡來？為何生命力超強？於是 170 多年前，科學家紛紛投入研究「植物幹細胞」行列（早期稱「植物小分子」），只是效果不彰，很多植物細胞被淬取後即「蒙主寵召」了。

　　直到十多年前，韓國陳榮雨科學家暨其領導研究團隊的努力下，終於揭開植物幹細胞生命延綿不斷的關鍵點，從植物形成層分離和培養植物幹細胞的技術成功，終於突破了一度被視為科學界無法實現的「黑科技」，展現在國際舞台。

　　其實，植物幹細胞技術原本是一項重大且難進行的基礎研究，為要提供標準化樣品必須解決「從實驗室到工廠」的量產瓶頸，才能根本解決植物資源保護和開發利用之間的矛盾，不管是學術研究的突破性和商業化的發展，皆可帶來震撼性的前景。

　　自古以來，「人蔘」被視為天地至寶，皇帝御珍的稀有植物，更被譽為「百草之王」，民間更有「七兩為蔘，八兩為寶」的價值認知。古代一旦挖到百年老山蔘則必須做為供品上交，老山蔘一直都是皇家獨享的滋補品，因此又被稱為「皇草」，據文獻報告，乾隆皇帝壽活89歲與每日喝一盅野山人蔘有關，所以一般人民是享用不到的。

　　2005年，當植物幹細胞技術突破後，科學家找到一株非常稀少價值3萬美元（鑑價過）50年以上的野山人蔘，即開始在研究室從50年野山蔘身上的樹芽、根尖、形成層，找出其各類稀有的活性小分子（即植物幹細胞的活性成分）。據悉該項技術世界第一，迄今也是全球唯一成功的植物幹細胞分離及培養技術，相關成果於2010年10月刊登在全球最權威專業學術刊物「自然生物技術」（Nature Biotechnology），成為當期封面及論文，受到舉世關注。

　　該項技術全面解決了原有的植物組織培養技術（癒傷組織培養）的各項研究瓶頸，也是第一次實現了無變異同源性植物幹細胞的大量標準化生產，成就了另一種大量獲得天然有效成分的生產系統，隨著其應用的不斷深入，必將全面深刻

地改變人類利用自然的方式，以及人與自然的關係。

　　現代科學證明已有 45 億年歷史的地球，動物皆是單向性的老化物種，地球上 5 千萬種生物物種中，活動百年的動物寥寥無幾，而植物卻以四季循環的生命過程輕易地活到數百年、數千年，是什麼因素讓植物有這麼大的生命力？祕密就是「植物幹細胞」。

　　因此，全球唯一研究成功被譽為「韓國之光」的陳榮雨科學家暨其團隊，告訴國際「植物幹細胞」是被稱為長生不老細胞，含有植物發育生長所需的全部程式，擁有驚人的再生能力，能讓植物不斷成長。

　　從科學家領銜的研究團隊，首次給 50 年的野山蔘根部非常微小部分做手術，成功實現了全世界首次從根、莖、形成層中，原樣分離出來且分化成功的「植物幹細胞」剎時間震撼全球，開始逐一證實「植物幹細胞」擁有驚人的生命活性與再生能力，能不斷的自我複製，還能根據周圍的環境，生產出各類天然有效成分。

　　與現在非常敏感的「轉基因技術」完全不同，這項平台性技術最大亮點就在於完全尊重「自然規律」，只是將未分化

的幹細胞原樣分離出來並加以利用,整個生產過程,不僅沒有任何轉基因的操作,更沒有農藥、重金屬、激素、抗生素等汙染源的困擾,真正實現了乾乾淨淨、原原本本地享用大自然。

這項植物幹細胞平台性技術,不僅可以用於大量生產50年野山人蔘獨特的稀有人蔘皂苷有效成分,還可以應用在其他植物上,諸如:紅豆杉、銀杏、何首烏、天山雪蓮……等各種野生稀有植物,再提取其「植物幹細胞」並通過克隆(複製)技術、基因工程培養,使得各類稀有的天然有效成分終於可以大量生產並應用,從而讓人類更好地享用大自然的饋贈。

英國愛丁堡大學克隆「桃莉」羊的科研團隊對該項技術做出了超高評價:「這件事情科學家構想很久,但在這之前卻從來沒有真正成功過,這是生物科技發展歷程中的一項重大新突破,全世界第一次能成功分離植物幹細胞的技術」。世界知名的探索頻道「Discovery」亦對該項技術非常關注,據知,該媒體連續拍攝3部紀錄片向全世界公告「植物幹細胞研發成功」,並因此讓「高新黑科技」成功發表,且已在40

多國個家申請了 110 多張全球專利。

　　另，據了解科學研究團隊的植物幹細胞技術成功，可以解決天然產品及原物料的產量、質量、標準化、安全性等各類問題，為食品、美容品及製藥行業的企業公司提供全新原物料解決方案，其商業價值已經得到國際關注和認可，欲與合作的國際跨國企業很多，其中包括 20 幾個國家衛生部官員親臨研究所參訪……等，以及耳熟能詳的國際級公司均在洽談合作。

第四節　植物幹細胞人蔘皂苷之基轉原理

　　作為「植物幹細胞」分離培養出來的第一項研製產品「人蔘皂苷」能震撼全球，主要是科學家研究證明人蔘皂苷有人蔘獨特的藥效來源：PPD、Rk1、Rg3、Rg5、Rh2…等稀有皂苷成分，而這些成分只存在於數十年的高齡人蔘裡，被科學家譽為「神奇的生命動力源」，更是國際醫學界公認的「抗癌皂苷」。

　　植物幹細胞技術能讓野山蔘植物的活性未分化全能幹細胞得以脫離母體而進行天然培植，一舉解決了傳統人蔘的稀缺性難題，讓高齡人蔘獨有的稀有皂苷成分得以標準化量產、不變成分的各類元素；當然，這必須以生命科學的分離、培養技術，即是「克隆」、「基因工程」的技術搭配，才能將淬取出的有效幹細胞元素完整量化。

　　人蔘皂苷小分子稀有元素如下——

一、PPD：

可以治療老人癡呆症，因為它是具有阻滯腦神經細胞損傷的作用，同時可改善睡眠、增強大腦活潑性、降低疲憊感、能提高學習記憶能力、有益智健腦的功效。

二、Rk1：

在臨床上證實 Rk1 能對發熱息痛引起的肝毒性有良好的效果，經過多種途徑減輕發熱息痛引起的肝臟危害，更會維護肝臟。在科學家的印證下，Rk1 成分更具有抗癌、抗血小板集合、抗炎、抗凋亡……等多種生物學效果。有科學家臨床研究印證，人蔘皂苷 Rk1 對燥熱引起的肝毒性有功效，成果證實人蔘皂苷 Rk1 可經過多種途徑減輕燥熱息痛引起的肝臟病變，可保護肝臟亦有舒緩中樞神經，更被證實人蔘皂苷 Rk1 的活性小分子越多，其抗癌的範疇運用也會越來越廣泛。

三、Rg3：

主要作用就是抑制腫瘤細胞產生，小劑量應用時主要通過抑制腫瘤新血管生成，預防腫瘤發生以及復發，並且與其他抗癌藥相比較，完全沒有毒性副作用，可長期使用。在大劑

量應用人蔘皂苷 Rg3 時，能夠抑制腫瘤細胞增殖，以及細胞浸潤，還能誘導腫瘤細胞凋亡、減輕放療、化療副作用。人蔘皂苷 Rg3 更能通過抑制腫瘤細胞脫氧核醣核酸和蛋白質的合成，使癌細胞對血管壁基底膜及周圍組織浸潤受到抑制和轉移。臨床實驗證明，人蔘皂苷 Rg3 對多種實體瘤的抑制率有 60% 的效能，對肺癌轉移和肝癌轉移抑制率達 70～80%，通過體外抗浸潤試驗證實 Rg3 能明顯抑制小鼠腹水肝癌細胞。

另，臨床實驗人蔘皂苷 Rg3 是人蔘中有效活性成分之一，對於很多疾病有改善和預防作用，對於中老年人常見疾病，心腦血管、冠心病、四肢無力、腿腳不便、記憶力減退都有很好的療效，Rg3 亦是抗腫瘤的主要藥物之一，現在是國際熱門研究項目，為我們人類克服癌症提供了很好的材料。

四、Rg5：

人蔘皂苷 Rg5 也是從人蔘中提取的「稀有人蔘皂苷」成分，也是人蔘主要生物活性成分之一，它能誘導多種細胞腫瘤凋亡，對治療腫瘤癌症有多種功效，也對改善病人生活質量，延長壽命具有很好的效果，尤其從 50 年野山蔘中提取的

Rg5 已被證實在乳腺細胞中，多種研究也表明了人蔘皂苷 Rg5 能誘導子宮頸癌細胞凋亡和 DNA 損傷，並且對食道癌細胞具有抑制增殖作用。

另，臨床驗證人蔘皂苷 Rg5 是治療「阿茲海默症」的有效成分，並可通過抑制 LPS（血清脂肪酶）與巨噬細胞上的受體能改善肺部炎症。人蔘皂苷 Rg5 亦可作為 IGF-1（類胰島素樣生長因子）激動劑起到新的作用，促進治療性血管發生，改善高血壓，尤其在製備預防急性腎損傷製品裡也有一定的應用價值。

五、Rg1：

具有促進海馬神經發生、能提高神經可塑性、增強學習記憶力、抗衰老、抗疲勞、調節免疫系統，輔助抗腫瘤、修復性功能等作用。在高端保健、防治老年痴呆症等神經退行性疾病方面，具有廣闊的應用前景；特別對中樞神經系統、心血管疾病、消化系統、免疫系統、內分泌系統、泌尿生殖系統，均有廣泛的作用機理。因此，可起到提高人體保護力、智力和活動能力，增強機體對有害刺激的非特異性抵抗力。然而，

一般人蔘的藥理活性常因機體機能狀態不同，雙向作用失去效能，所以，野山蔘 Rg1 才是具有「適應原樣」作用的典型代表藥品。

六、Rh3：

　　是人蔘皂苷 Rg5 通過生物代謝轉化而來的一種分子量更小的人蔘皂苷，它的功效比 Rg5 更強。人蔘皂苷 Rh3 有研究發現，可明顯抑制大腸癌細胞的增殖，並且誘導大腸癌細胞凋亡，從而產生顯著的抗癌作用，尤其人蔘皂苷 Rh3 對大腸癌的抑制作用呈現劑量效能關係，劑量越高抑制作用越強；還有研究發現，人蔘皂苷 Rh3 對卵巢癌也有明顯的抗癌作用，抗癌途徑也是抑制卵巢癌細胞增殖，誘導癌細胞凋亡，當然抗癌作用也和劑量成正比。

　　臨床研究尚發現，人蔘皂苷 Rh3 可抑制白血病（血癌），因 Rh3 可以阻斷白血病慢粒細胞的細胞分裂週期，使得白血病慢粒細胞無法完成增殖，從而出現凋亡。而 Rh3、Rh2（後述）的應用功效能讓紅細胞（紅血球）重新活化，讓骨髓啟動使紅細胞逐漸再生，讓白血病患者能得到完好的改善。

再述 Rh3 具有非常活性的抗氧化作用，能改善化療藥對正常細胞的氧化損傷，在不影響化療藥效的情況下，明顯減輕化療藥的毒副作用，例如：研究發現人蔘皂苷 Rh3 還能抑制化療藥「順鉑」對腎臟的損傷，保護腎臟，而且對癌症手術後患者的傷口發炎，會提高手術後的修復和轉移，能起到降低風險的作用。

而且在研究中，發現傳統治療有些細胞過度凋亡，可見於多種系統疾病，如：心血管疾病（心肌梗死）、神經退化性疾病（阿茲海默症）、（巴金森氏症）、免疫系統疾病（獲得性免疫缺陷綜合症）……等，因此，抗凋亡一直是藥物控制機制的研究熱點。所以，人蔘皂苷的活性小分子占有極大藥效作用。

七、Rh2：

是天然野山蔘裡最難淬取的成分，其含量約十萬分之一左右，極其珍貴，必須利用專業技術提取（分離、培養、基因工程、幹細胞）。在眾多研究中證實，人蔘皂苷 Rh2 不僅對肝癌、肺癌、黑色素瘤、食道癌、喉癌、胰腺癌、前列腺癌……

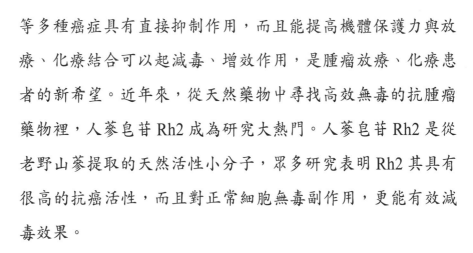

等多種癌症具有直接抑制作用，而且能提高機體保護力與放療、化療結合可以起減毒、增效作用，是腫瘤放療、化療患者的新希望。近年來，從天然藥物中尋找高效無毒的抗腫瘤藥物裡，人蔘皂苷 Rh2 成為研究大熱門。人蔘皂苷 Rh2 是從老野山蔘提取的天然活性小分子，眾多研究表明 Rh2 其具有很高的抗癌活性，而且對正常細胞無毒副作用，更能有效減毒效果。

近幾年，Rh2 一直受到國際醫、科學界高度關注，是因人蔘皂苷 Rh2 分子非常細小，穿透癌症病灶能力更強，這一優勢在腦部腫瘤體現得更為明顯。一些大分子藥物都被血腦屏障阻擋在外，所以很多抗癌藥物對腦部腫瘤效果不佳，而人蔘皂苷 Rh2 的分子量細小，可以順利穿透血腦屏障到達腦部腫瘤病灶，從而發揮抗癌作用。

而人蔘皂苷 Rh2 除了抗癌效果明顯外，其實最重要的是全世界醫生「束手無策」的免疫調節，如：紅斑性狼瘡、類風溼關節炎、銀屑症、牛皮癬、僵直性脊椎炎、漸凍人……等，人蔘皂苷 Rh2 有非常好的功效，所以對於免疫低下及竄升、疲勞、各種「亞健康」自然效果非常顯著；最主要在 Rh2 的

成分中尚可淬出 Rg、Rg1、Rb1、Rb2、Rb3、Rh 等成分，對人體各項作用很強，在體內停留時間長，藥效持續性不被浪費，方可達到良好效果。

（一）Rg：具有興奮中樞神經、抗疲勞、改善記憶力與學習能力，促進 DNA、RNA 的作用。

（二）Rg1：可快速恢復疲勞、改善學習記憶、延緩衰老、具有興奮中樞神經作用、抑制血小板凝集功效。

（三）Rb1：具有增強膽鹼系統的功能，增強乙醯膽鹼的合成和釋放，以及改善記憶力作用。

（四）Rb2：具有抑制中樞神經、降低細胞內鈣、抗氧化、清除體內自由基和改善心肌缺血再灌注損傷等作用。

（五）Rb3：可增強心肌功能、保護人體自身免疫系統、可以用於治療各種不同原因引起的心肌收縮性衰竭。

（六）Rh：具有抑制中樞神經、催眠作用、激發「褪黑激素」、鎮痛、安神、解熱、促進血清蛋白合成作用。

　　總之，依世界衛生組織（WHO）的宣言：當今醫學上最難攻克的問題是癌症及自體免疫系統。癌症是現代社會危害人類健康的頑疾之一，醫學界至今還沒能找到能夠根治癌症的藥物，一般治療癌症的基礎方法是手術治療，放療、化療、中藥治療相互扶持完成，而放療、化療是最常見的方法，它的目的在於通過放療、化療殺傷及殺死腫瘤細胞、促進腫瘤細胞的死亡或阻止其增殖。但大多數藥物週期細胞毒性缺乏特異性，往往造成正常細胞也死亡，導致骨髓及全身毒性等併發症，影響治療效果。

　　至於自體免疫系統是免疫疾病最棘手的病症，更是全世界醫學的瓶頸。目前在臨床上超過13萬篇的論文和實例，從50年野山人蔘所淬取出來的「植物幹細胞」之各類稀有人蔘皂苷成分，對癌症及自體免疫疾病有非常顯著療效（免疫系統，後文有章節詳述）。

人蔘皂苷幹細胞如何治療愛滋病者？

　　首先說明「愛滋病」是由愛滋病毒所引起的疾病。愛滋病最嚴重的就是會破壞人體原本的免疫系統，使患者身體的抵

抗力降低，甚至完全喪失免疫力，當免疫系統遭到破壞後，原本不會造成生病的病菌變得有機會感染患者，嚴重時會導致病患引爆各種病毒而死亡。

　　愛滋病就是後天免疫缺乏症候群（Acquired Immanodeficiency Syndrome，AIDS）的簡稱，是一種破壞免疫系統的病毒。

　　目前分為兩型：HIV-1、HIV-2。

　　HIV-1 是大多數國家中最主要造成愛滋病的病因。

　　HIV-2 主要分布在西非（通常是指非洲大陸南北分界線和向西凸起的大片地區，為地理、人種和文化過度地帶。如圖 1-1）

圖 1-1　西非

兩種病毒的致病力並不相同，感染 HIV-1 後，超過 90%以上的患者會在 10 ～ 12 年內、甚至更早發病成為「愛滋病患者」；感染 HIV-2 則往往較沒有相關的病症。

註 1：感染 HIV 病毒者，稱為 HIV 感染者。

註 2：愛滋病毒感染並不等於愛滋病。

愛滋病毒發生情形

1983 ～ 1984 年間，法國和美國的科學家分別自血液中分離出病毒。愛滋病毒（HIV）的起源可能是來自非洲的猿猴。

HIV-1 的 起 源 可 能 來 自 非 洲 猩 猩（African ape，chimpanzee）；而 HIV-2 和 猿 猴 免 疫 缺 乏 病 毒（Simian Immunodefic Iency，Virus，SIV）相似，因此它的起源可能也是來自非洲的猴子。目前，愛滋病患者最多的地區是非洲地區，依據聯合國愛滋病組織（UNAIDS）於 2016 年估計全球約有 3,670 萬愛滋感染人口，2016 年新增愛滋病毒感染人數達 180 萬人，當年約有 100 萬愛滋病患者死亡案例。

目前全球 HIV 感染者已經達到 4,200 萬人。

愛滋病感染途徑：

一、不安全性行為：未全程正確使用保險套與愛滋病毒感染
　　者發生性行為（口交、陰道交、肛交）。

二、血液感染：

　　（一）與愛滋病毒感染者共用針頭或毒品注射稀釋
　　　　　液……等。

　　（二）輸入愛滋病毒感染者血液或移植愛滋病毒感染者
　　　　　器官。

　　（三）母子垂直感染：感染愛滋病毒懷孕的媽媽，可能透
　　　　　過妊娠期、生產期或哺乳將病毒傳給她的寶寶。

　　　愛滋病毒對人類最大的危害就是「愛滋病」會影響人體多
個系統，尤其最嚴重的是影響免疫系統。愛滋病毒進入人體
內後，主要在免疫細胞內進行複製，引起免疫細胞破壞，從
化驗檢查可觀察到患者免疫細胞逐漸減少，最終導致免疫系
統失去防禦功能。

　　　另外，「愛滋病毒」也可進入中樞神經系統，引起中樞神

經系統相應損傷，導致癡呆症狀，還會引起心肌細胞、腎臟細胞損傷，畢竟「愛滋病毒」非常頑強；當它破壞身體免疫力後，自然相關聯的各個組織器官也會有直接影響及破壞。所以，罹患「愛滋病毒」的人一定會威脅自體的身體健康。

植物幹細胞之人蔘皂苷如何治療愛滋病患？

前文提過人蔘乃「百草之王」，經「分離技術、基因工程、幹細胞」三大科學技術淬取的「人蔘皂苷」，真正對人體有效成分將近30種，除了皂苷之外，更有萜二類（又稱二萜類）成分，從人蔘淬取出的各類小分子都能夠被吸收，並且能產生藥理活性。而恰恰相反的絕大部分的市售人蔘，在腸道內的吸收率都極低，因一般市售的人蔘大致為二年～六年的人工蔘，而淬取技術都以「水解法」（又稱「水合法」，Autolyse，一種化工單元過程，是物質與水反應，利用水形成新物質的過程）為主，得到的成分大部分是大分子元素，不易吸收外很多人使用會有躁熱現象。況且在科學家的臨床實驗下確認，只有老野山人蔘才能淬取出最珍貴的 Rh2 成分，此成分的確相當稀少，而以一般的水解法是無法淬取出 Rh2

的元素。最重要的條件，是必須是幾十年的老山蔘及有高新技術才能淬取出 1 變 2、2 變 4、4 變 8……等「植物幹細胞的活性」，所以，目前唯以國際上臨床技術發表的植物幹細胞所分離、培養淬出之人蔘皂苷活性，才能把所有有效的成分淬取出來，如：Rb1、Rb2、Rb3、PPD、Rk1、Rg1、Rg2、Rg3、Rg5、Rh、Rh3、Rh2……等。

也因這高新的「黑科技」技術在今日呈現，人類會因此得到健康、延壽、逆齡的希望，逐一實現。正如上文提到的「愛滋病毒」，它是完全破壞人的自體免疫系統，而當今科學已證實用野人山蔘淬取的「植物幹細胞」人蔘皂苷成分，才可能重建免疫系統，也就是科學最難做到的「重組 DNA」，才能讓人類展開「百歲不是夢」、「健康呷百二」的希望成真。

第五節 植物幹細胞與生命科學的臨床應用

　　隨著人們關注生物工程學及生命科學，「幹細胞」這名詞，相信大家都不陌生。最早對幹細胞的認識，相信大家都一樣是從「人體幹細胞」開始，主要是醫科學臨床證實治療各種疑難性疾病「幹細胞」是取得國際上非常肯定的結果，只是礙於基因問題（DNA、RNA）常常有一道屏障。而科學的研究中發現植物體內，如何能夠讓植物可在數百年、數千年不斷生長、再生並生成組織細胞。因此，植物幹細胞證實是包含所有植物發育和生長的所有程序，具有永恆生命力的不朽細胞植物體的生命力根源，它存在於被稱為分生組織的特殊結構內，其具有非常驚人的再生能力。近十年，科學家首次成功的對「植物」分離並培養出有活性的「植物幹細胞」的確震撼全球。科研團隊利用生理學、胚胎學以及遺傳學，運用「複製」、「基因工程」的方法，證明淬取的「幹細胞」是真正有活性的「植物幹細胞」，研究結果才會受到了權威期刊「自然生物科技」（Nature Biotechnology）的高度評價。

　　科學家一直希望通過臨床上研究的「植物幹細胞」來找出植物長久存活的祕密，只是各國在研究「植物幹細胞」是一次又一次的失敗，主要他們是從癒傷組織淬取的，不是活性的植物幹細胞，所以容易死亡。植物這種形成層就好像人類的骨髓，是形成幹細胞的組織。但是，事實上要在不損壞細胞的情況下，需要運用分離幹細胞技術才能從形成層淬取出來是相當困難，這主要是因為細胞壁非常薄，只有少量的植物幹細胞活性小分子可淬取，尤其「Rh2」非常難取得，所以，唯有野山蔘才能淬取出那十萬分之一小分子的活性，則可明白「Rh2」有多珍貴。

　　再述生命科學「幹細胞」這名詞，近年來逐漸頻繁出現在大眾視野裡。「幹細胞」療法所帶來的醫學成果也一再不斷地被證實，再生醫學所創造的「醫學奇蹟」正在不斷刷新人類的認知；比如電影「我不是藥神」就普及了「幹細胞」的重要性，它治療白血病，除了放、化療、藥物維持，還可以通過「骨髓移殖」治療，但前提是要有成功配對的骨髓。現代醫學在臨床上用骨髓移植治療白血病，正是因為「造血幹細胞」存在於骨髓中；其實「幹細胞」就是在我們自己身體

的整個宇宙，從受精卵到臟器、頭髮、皮膚，「幹細胞」時時伴隨我們的生命，「它」就像生命贈與每個人的禮物，具有自我更新、修復生命的強大潛能，對於個體而言，它是寶貴的生命守護神，對於大眾而言，「它」是細胞治療時代珍貴的生物資源。

「幹細胞」是生命的源頭細胞，具有自我複製、定向發育、修復和替代受損細胞特點，它像一粒種子，可以分化成為人體各種組織器官及細胞。人體的所有細胞都由幹細胞而來，也因「它」的這些特性，醫、科學界稱幹細胞為「全能幹細胞」，這意味著人體內損傷、病變的細胞都可以獲得修復和替代，醫療治癒可以在細胞層裡面發生，甚至人體器官都可以在體外培養及再生。尤其，近年來的臨床數據顯示，「人體幹細胞」在治療多項慢性病、疑難雜症方面有良好效果。而如：糖尿病、類風濕性關節炎、白血病、慢性腎病、系統性紅斑性狼瘡、漸凍人、多系統萎縮、帕金森氏症……等神經系統性和免疫系統性疾病，更是病人曙光。

其實「幹細胞」就像是人體內初生自帶的神祕精靈，這個精靈隨著生命誕生之初的「胚胎幹細胞」家族，則分為「全

能幹細胞」、「多能幹細胞」、「單能幹細胞」，所以顧名思義在生命科學的臨床應用上有特殊的治療效果。筆者初期就是因看到幹細胞臨床上的神奇實驗，才能全心全意投入「人體幹細胞」的行列，只是在深入學習後，發現前文提過的盲點「幹細胞」，雖已接近「神奇妙藥」，可是依然有基因（DNA、RNA）排斥問題，除非能像筆者的指導教授做到「純化」成「幹細胞因子」，否則千萬別亂使用。筆者再呼籲一次，「幹細胞是高科技製品，不是隨手可得的產品，小心受騙上當喔」！

　　但上天對人類厚愛，都是「給予」，當「人體幹細胞」尚存有盲點時，科學家竟再突破當今的科技，突破性的黑科技應然而生。

　　地球上是先有植物，而萬物存活至久是植物。科學家發現活了幾百年，甚至活幾千年的植物，依舊每年都可以開花、結果，就如同人類孕育和繁衍後代一樣，這卻是「不朽細胞」的功勞，它在「樹芽」、「根尖」和頂端上樹幹的形成層都能淬出猶如「新生兒」的活性幹細胞小分子。因此，為了對人類健康、延壽的思維，科學家依此技術繼續淬取多項珍貴植物幹細胞的活性元素，以便將來造福人類。據報導，除了

第一項「人蔘皂苷幹細胞」外，也淬取出「紫杉醇幹細胞」、「天山雪蓮幹細胞」、「銀杏幹細胞」、「何首烏幹細胞」、「海茴香幹細胞」、「濱海刺芹幹細胞」……等，陸續尚有多種中草藥植物正在臨床淬取中。

尤其，目前科研人員據知已利用「植物幹細胞」的分離及培養技術，正在淬取「大麻」，此一進展將會給醫學界及病人一大福音。

所以，在過去十多年裡，植物幹細胞的研究獲得了巨大進展。科學家發現一些與幹細胞數量維持和分化有關的基因，這些基因與外源性信號一起組成複雜的網絡控制植物的生長和分化，尤其更重要的是，人們逐漸發現「植物幹細胞」和「人體幹細胞」儘管型態和功能各異，但對「幹細胞」穩定態度的維持，卻有極相似的小分子機制，這一發現進一步激發科研人員的信心及興奮，因此發現這些領域的研究，必將促進人們對「幹細胞生物學」特性的認知，亦會更加火熱地引爆國際上科研人員高度重視與研究。

第二章

漫談生命科學的三大技術

　　生命科學,簡言之,是系統闡述與生命特性有關的重大課題的科學,亦是支配著無生命世界的物理和化學定律,同樣也適用於生命世界,無須賦予生活物質的一種神祕活力。另外,即是通過分子遺傳學為主的生命研究活動規律,是生命的本質、生命的發育規律,以及各種生物之間和生物與環境之間相互關係的科學,最終能夠達到治療診斷遺傳改善人類生活品質,保護著人類內、外環境等目的之科學。

　　原始自地球誕生以來,經過數十億年的發展、運行、進化,形成了地球上穩固的物質型態結構,從最微小的生命活動開始,已經行進深奧的宇宙中。在生物分化為陸地生物後,海洋、陸地、空中生物都迅速進化為形形色色的各類生命體,同時遵循適者生存的進行原理,使生命結構進一步適合當時的氣候環境、溫度、濕度、物產豐富來配合整體生命的繁衍;

人類作為生命進化的分支之一自成體系，稱為「高級生命體」，形成人類生命歷史發展以來，獨立的生命科學，而人類的生命科學綜合了自然生物、基因科譜以及智能運作的部分。

只是人類的生活與生命就如動物般地自然生長、成長、覓食、狩獵、種植、交配、繁衍、衰老致死，都是自然規律的過程；而早期人類壽命約 30 歲至 40 歲之間，那時候的人類只有懵懂的智商，無法真正享受生命的意義。

而從地球的第一次文明開始，不斷有地球外的生命，包括：外星生命、上古基因、佛國的福音、神國的福音不斷傳入，因此在人類的基因 DNA 進化過程中，以編碼的形式紀載了人類發展史。人類基因改變後，隨著適者生存以及人類集體在地球上不斷地遷轉，這樣的基因無非是人類追求健康長壽的本能和所求。所以，宇宙進化的核心使命是能夠突破生命進化瓶頸，找到健康、延壽之鑰，使人類更能向智能和科學的目標前進，向真善美和光明路邁步。

因此，偉大的科學家於生命科學先行找出攻克生命異常細胞的關鍵，「克隆（複製）技術、基因工程、幹細胞」三大科技，才讓人類對健康、延壽，再燃起狂熱的探討與研究。

第一節　克隆（複製）技術

克隆（Clone）又稱複製，是指生物體通過體細胞進行的無性繁殖，以及由無性繁殖形成的基因型完全相同的後代個體，通常是利用生物技術由無性生殖產生與原個體有完全相同基因的個體或群體。

克隆一詞起源於希臘文「Klone」，原意是指以幼苗或嫩枝插條，以無性繁殖或營養繁殖的方式培育植物，如插柳或嫁接。由於克隆技術是無性生殖，所以它並不是根據「基因重組」、「基因突變」、「染色體變異」等原理而發明。

最震撼國際的當為 1996 年 7 月 5 日，英國發佈成功克隆一隻從黑臉蘇格蘭母羊中取得乳腺細胞，將黑臉母羊的未受精卵細胞去除細胞核後和白臉羊的乳腺細胞互相融合，融合的細胞在試管內分裂複製形成胚胎，再送入黑臉母羊的子宮中，經過一連串的步驟克隆（複製）羊，在 1996 年 7 月 5 日誕生在這個世界上，取名「桃莉」；牠的出生當下就證明牠就是一隻克隆（複製）羊，只是牠有一張白臉，和提供乳腺

細胞的母羊媽媽一樣，所以牠的基因來自白臉母羊。

　　而「桃莉」羊在 1996 年 7 月 5 日誕生後，直到 1997 年 2 月 22 日才被公諸於世，立刻受到國際關注，並引起正、反雙方對於複製動物技術的好處，以及潛在的問題展開激烈的辯論（因牽涉到複製人的問題）。奈何科學家看到的好消息是「桃莉」羊和一隻叫做 David 的公羊交配，總共生下 6 隻小羊，壞處卻是「桃莉」羊於 2000 年 9 月最後一個孩子出生後，被發現受到綿羊肺腺瘤病毒（Jaagsiekte Sheep Rettrovirus，JARV）的感染並導致肺癌。雖然「桃莉」羊依然過著普通被眷養的平凡生活，卻在 2003 年 2 月出現咳嗽的症狀，經電腦斷層檢查發現出肺部腫瘤，研究團隊最終希望「桃莉」能少經歷些痛苦，不讓牠和病魔纏鬥的折磨，決定令其安樂死，於是「桃莉」羊在 2003 年 2 月 14 日，結束了牠特別備受關注的 6 年生命。

　　由於「桃莉」羊的克隆（複製）成功，引發世界各國的科學進展，讓科學家發現了成熟分化細胞也回到未分化的「幹細胞」上，也就是日本京都大學教授山中伸彌（やまなか しんや）從老鼠纖維細胞發現 Ips（誘導性多能幹細胞）細胞。這

項研究史，山中伸彌教授在 2012 年獲得諾貝爾生理學暨醫學獎，且 Ips（誘導性多能幹細胞）細胞在接下來的時間裡，於再生醫學領域一直是全球看好並熱衷關切的科研主題（〈註〉：世界各國在克隆技術頗有成果，相繼克隆出獼猴、牛、豬、兔、鼠……等）。

　　談到克隆（複製）技術，勢必要談到「克隆人」。1938 年德國科學家首次提出了哺乳動物「克隆」的思想。1963 年在科譜為「人類種族在未來 2 萬年的生物可能性的演講上採用「克隆（Clone）」的術語。1978 年美國科幻小說家羅維克（D.Rorvick）寫了一本「克隆人」的書，內容是一位富豪將自己「體細胞核」移植到一枚「去核」卵中，然後將其在體外「卵裂」成「胚胎」移植到母體子宮中，經足月懷孕，最後生下一個健康男嬰。1996 年體細胞克隆羊「桃莉」出世已經讓科學界惶惑不安，因為「克隆人」一定會成為有心人或有心組織的操控計畫。

　　有個神祕組織「雷爾教派」的克隆（複製）協助會，在 2021 年 5 月 26 日宣佈第一個克隆（複製）人已誕生，這名新生兒是一位女嬰，以剖腹方式生產下來；其實據國際報導「雷

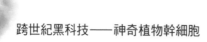

爾教派」在這名女嬰誕生前 14 年已經陸續克隆好幾個人，只是沒正式對國際公告。對於克隆（複製）人的嚴重問題，科學家均不表贊同，一定會造成社會危害，尤其在倫理道德上的失控完全無法掌握。

但，如果適用在「克隆」（複製）稀少的植物上，淬取其珍貴的成分幫助人類找回健康與長壽，倒是好科學。

第二節 基因工程

　　基因工程（Genetic Engineering）又稱「基因拼接技術」或「DNA」重組技術，「是以分子遺傳學為理論基礎。以分子生物學和微生物學的現代方法為手段，將不同來源的基因，按預先設計的藍圖和體外構建類種 DNA 分子，然後導入活細胞，以改變生物原有的遺傳特性獲得新品種。基因工程技術是基因的結構和功能研究提供了有利手段；換言之，基因工程就是生物工程的一個重要分支，它和細胞工程與酶工程、蛋白質工程及微生物工程共同組成生物工程。

　　另外，基因工程也稱「基因操作」或「遺傳工程」。基因工程問世至今不過 30 年時間，國際上的許多實驗室爭相應用 DNA 重組技術進行了大量的研究工作，已經取得許多舉世矚目的成就。基因工程完全突破了經典的研究方法和研究內容，將遺傳學擴展到一個內容廣泛的嶄新領域，自然界中從未有過的新型蛋白質也可能通過「基因工程」創造出來。隨著基因工程學的誕生，人類已經開始從單純認識生物和利用生物

的傳統模式，跳躍到隨心所慾地改造成培植生物新時代。

在能源短缺、食品不足和環境汙染，這三大危機已經開始構成全球性問題的今日，基因工程及其伴隨的細胞工程的發酵技術（統稱生物技術），將是幫助人類克服難關的金鑰匙。基因工程的發展日新月異在人類生活和社會發展中，將起到越來越重要的作用。

目前的發展進度，毫無疑問肯定會引起基礎理論臨床工業、農業生產、醫療、保健事業……等，各個領域的一場深刻的技術革命。

最後切記──基因工程是有目的地在體外進行的一系列基因操作。一個完整的基因工程臨床實驗，有五大步驟：一、獲取目的基因的分離或合成；二、獲取基因與載體DNA連接構造重組DNA分子：表達載體；三、重組DNA分子導入受體細胞進行擴增，並獲得具有外源基因的個體；四、篩選與培育基因生物的檢測與鑑定；五、轉基因生物的安全性評價。所以，當有科技找到稀少的植物，為了增加更多成分和相同不變的元素，基因工程肯定是不可少的技術。

第三節　幹細胞

「幹細胞」是早期未分化細胞，具有很好的分裂能力，可以無限地或永生的自我更新細胞，能夠產生至少一種類型以上高度分化的子代細胞。

據生物學家研究，幹細胞是來自胚胎，胎兒或成人體內具有在一定條件下無限制自我更新與增殖分化能力的一類細胞，能夠產生表現型與基因型和自己完全相同的子細胞，也能產生組成機體組織器官的已特化細胞，同時還能分化為祖細胞。

幹細胞依發育階段分類可分為：「胚胎幹細胞」、「成體幹細胞」，再依不同的分化潛能再分為：「全能幹細胞」、「多能幹細胞」、「單能幹細胞」。

它的生物學特點包括：一、屬非終末分化細胞，終生保持未分化或低分化特徵，缺乏分化標記；二、在機體的數目位置相對恆定；三、具有自我更新能力；四、能無限地分裂增殖，可在較長時間內處於靜止狀態，幹細胞可連續分裂幾十代；五、具有多向分化潛能，也具有分化發育的可塑性；六、分化的慢

週性；七、幹細胞通過兩種方式生長：一種是對稱分裂，形成兩個相同的幹細胞，另一種是非對稱分裂方式，非對稱分裂中一個保持親代特徵，仍可作為幹細胞保留下來，另一個子細胞不可逆的走向分化的終端，成為功能專一的分化細胞。

在國際上「幹細胞」之所以為科學家狂熱研究，是一般情況下「幹細胞」治療最主要的以「造血幹細胞」移植治療為主，造血幹細胞移植治療可以治療很多血液系統疾病，尤其是大部分血液系統惡性疾病，通過造血幹細胞移植治療，是有可能治癒惡性疾病。

另外，某些自身免疫性疾病，如系統性紅斑狼瘡……等，國際上都有治癒的臨床病例。其實「幹細胞」最重要的成果治療是除了治療病患外，還能克服世界上醫學一直沒能攻克的困難點，「免疫系統疾病」也就是「自體免疫」。簡言之，就是免疫力太強超過「臨界點」，讓細胞互相攻擊所產生的疾病，目前在醫學界是無法攻克的困難病症（如：紅斑性狼瘡、類風溼關節炎、銀屑症、僵直性脊椎炎、漸凍人……等），以幹細胞治療，的確有非常好的療效。但仍然有些盲點，主要是基因（DNA、RNA）問題，筆者一直強調，人體幹細胞沒能純化成「幹細胞因子」依然會產生排斥。

第四節　生命科學三大技術對人類的貢獻

　　簡單說：克隆（複製）技術，對人類最大的貢獻就是從克隆動物開始，依其技術已經可以克隆（複製）人類的器官，從耳朵、肝臟、肺、心臟……等，無疑是給人類生命進展多了一絲繽紛的喜悅，是因為陸續有成功的消息傳出。只是比較引人關注的是克隆（複製）人，對人類來說，克隆技術是喜？是悲？是福？還是禍？「唯物辯證法」認為：世界上任何事物都是矛盾的統一體，都是一分為二的，克隆技術也是這樣，如果克隆技術用於「複製」像「希特勒」、「秦始皇」這類狂人，當然是世界的危機；而如果把克隆技術用來複製畜牧業生產或人類的組織器官，那自然是好事，可以造福人群，用於科學研究更能創造先機。所以，克隆技術的成功只要不「克隆（複製）人」，相信該技術可以成為人類的最好新希望。

　　而基因工程技術，不但可以培養優質、高產量、抗性好的農作物及畜、禽新品種，還可以用於培養出具有特殊用途的

動、植物，做成 DNA 探針，能夠 10 分鐘即靈敏地檢測環境中的病毒、細菌等汙染。

尤其做為基因工程機體內的遺傳單位，它不僅可以決定我們的相貌、高矮……等問題。基因工程最初是針對單基因缺陷遺傳疾病，目的在於有一正常的基因來代替缺陷基因，或者來補救缺陷基因的致病因素，是造福人類的一大貢獻。

幹細胞對人類最大的貢獻如下：

01. 調節機體免疫系統，提升保護力、調節生長因子指數，促進瘡面快速癒合、避免瘢痕。

02. 促進器官組織細胞的再生，使器官年輕化、延緩器官衰老。

03. 改善睡眠品質和亞健康。

04. 護肝、治療肝纖維化、肝硬化。

05. 促進新陳代謝。

06. 增強體力和精力，使身體充滿活力。

07. 促進心肌細胞生長、提高心功能耐力、預防心臟病和中風。

08. 穩定血壓、平衡膽固醇。

09. 改善肌膚及問題肌膚、恢復肌膚光澤、光滑、彈性、
　　減少皺紋、能夠全面煥發青春活力。

10. 能增強性能力、提高性生活質量。

11. 提升運動系統的能力、改善骨質疏鬆和腰腿疼痛的狀
　　況。

12. 恢復神經系統功能、改善記憶力、預防帕金森氏症、
　　老年痴呆症……等疑難雜症，尤其是難治性的免疫系
　　統疾病。

以上簡述生命科學三大技術對人類的貢獻。

第三章

植物幹細胞之貢獻與超越醫學藥用瓶頸

第一節 植物幹細胞對人類之貢獻

　　「植物幹細胞」是目前全球最熱門最有話題的尖端行業，尤其令人震驚的再生能力，可讓植物活上百年甚至上千年的神奇。

　　科學家從 50 年以上的野山蔘萃取出的植物幹細胞進入人體內最大貢獻，即是能鑑別和清楚外來入侵抗原體，使身體可免於病毒病菌、感染、環境汙染，還可以修復細胞免疫、修復損傷人體器官和機構、修復原機體的功效、推動身體身心健康和免疫能力，尚能鑑別和清除身體內產生基因突變的癌細胞、變老體細胞、死亡細胞或別的有危害的分子；改善記憶能力、改進人腦衰老，幹細胞減緩衰老後，阿茲海默症

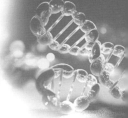

患者的回憶和智商得到了大大修復、功效長久平穩；調節免疫功能、清除發病微生物種、檢測並殺滅腫瘤細胞。

　　尤其「植物幹細胞」自己具備較強的昇華工作能力，最主要的是，它們可以分解帶動其他類型的植物細胞活性小分子，最後更新植物組織器官，如：莖、葉和花這三大組織。

　　以上就是「植物幹細胞」對人類貢獻之一。

第二節 植物幹細胞超越醫學藥用瓶頸

植物天然有效成分，一直以來都是醫療界重要的藥用資源，佔了醫療界總資源的 87%。可最近天然性植物藥用資源都被化學合成方式所代替，因天然植物生產方式所產生的許多不確定性與不能量產，都能透過植物幹細胞技術達到顛覆性的轉變。

化學合成方式無法合成比較複雜的天然成分，更不能達到量產的目的，而從天然植物中萃取卻也有它限制的一天，因為有的植物本身就很珍稀，長得又慢。比方說：紫杉醇，它佔了 33% 的癌症主要組合物，可是由於一棵百年老樹的樹皮只能萃取一克的紫杉醇，而癌症病患數量則不斷提高，所以導致紫杉醇的需求量迅速提升；因此，90 年代初期，美國立了法律制止過度砍伐紫杉樹，並要求馬上另尋紫杉原料的替代方案。其中一個方式就是透過已分化（已老化）的植物組織——癒傷組織（Callus）的培養來取而代之；可是這個生產方式有其缺點，其一是癒傷組織的生長速度緩慢，其二是次生代謝物（植物有

效成分）的產量非常低，尤其容易氧化死亡。

　　為解決這個問題，也有利用菌和化學合成方式，做二合一的流程。比方說：利用基因改造過的細菌生產有效成分前驅體，再用化學合成的方式做成所需要的成分；可事實是，大部分複雜次生代謝物的生物合成方式還未被尋獲。總結就是目前市面上所有的方式，都不能給天然植物有效成分的生產保證一個可靠穩定且具有成本效益的方法。

　　直到植物形成層幹細胞（CMC）首次成功分離，為全球植物有效成分生產取得了突破性的成就。此技術將原本需要好幾個月時間的生產過程，減至幾週就完成；而且，由於植物形成層細胞乃同源體細胞，相比採用異源體細胞生產的癒傷組織細胞，形成層幹細胞的生產方式提供變數極低的次生代謝物，含量也遠比癒傷組織細胞生產方式來得高。

　　如今，這項植物形成層技術已經分離了超過20多種植物幹細胞，包括了1,200年的紅豆杉、50年的野山蔘、1,100年的銀杏樹和富含番茄紅素的番茄等。據知在全球已經獲得了近百項專利，包括了來自於中國、美國、韓國、澳洲、日本、印度、越南等國家頒發的物質專利，應用專利和技術專利。

其中，野山人蔘幹細胞的應用專利就包括了：

一、預防或治療癌症的組合物（200980144185.0）。

二、預防或治療愛滋病的組合物（200980138689.1）。

三、預防或治療肝疾病的組合物（200980135446.2）。

四、增強免疫力的組合物（201080008985.2）。

五、抗衰老或抗氧化的組合物（200980130417.7）。

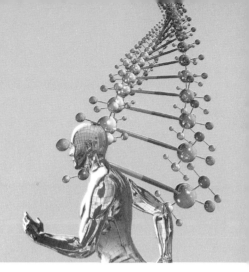

第四章

漫談人體免疫系統

第一節　免疫調節機制

　　免疫調節是指機體依靠免疫系統識別和排除抗原性異物，維持自身生理動態平衡與相對穩定的過程。免疫細胞和免疫分子之間以及與其他系統，如：神經內分泌系統之間的相互作用，使得免疫應答的形式維持在適當的水平。免疫調節正常的話，可以識別和清除抗原，對自身成分產生免疫耐受維持內環境的穩定，而免疫失調則會使病原微生物感染、腫瘤細胞擴散、自身免疫病、免疫缺陷病、超敏反應……等問題。

免疫調節的層次

一、自身調節：

免疫系統內部的免疫細胞、免疫分子的相互作用。

二、整體調節：

神經內分泌系統和免疫系統的相互作用。

三、群體調節：

MHC（Major Histocompatibility Complex，MHC，主要組織相容性複合物）的種群適應性，是一種細胞表面醣蛋白複合物；人類的 MHC 醣蛋白又稱為人類的白血球抗原群，最初是因為研究皮膚的移植和排斥反應被發現。免疫應答作為一種生理功能，無論是對自身成分的耐受現象，還是對「非己」抗原的排斥，都是在機體免疫調節機制的控制下進行的。

免疫調節機制是維持機體內環境穩定的關鍵，如果免疫調節功能異常，對自身成分產生強烈的免疫攻擊，造成細胞破壞、功能喪失，就會發生自身免疫病。如果對外界病源微生

物感染不能產生適度反應（反應過低可造成嚴重感染，反應過強則發生過敏反應），也可造成對機體的有害作用。因此，免疫調節機制不僅決定了免疫應答的發生，而且也決定了反應的強弱，這一調節作用是精細的、複雜的，免疫調節功能是作於免疫應答過程中的多個環節。

免疫調節三大功能

要了解免疫調節的三大功能還要從真菌多醣談起。長期以來，世界各國的科學家和藥物學家都把多醣作為重大的科研項目來研究和突破，他們發現在食用真菌和菇藻真菌中含有一種多醣體，即「真菌多醣」，以它獨特的成分在進入人體後不易被分解，仍以多醣的形式存在，補充了人體所需的多醣體。但攝取多醣體也不能過量，否則免疫力會竄升太高。

免疫調節三大功能為：

一、免疫調節：啟動免疫系統，雙向調節免疫。

二、腫瘤活性：抗突變、抗氧化、消除自由基、增強人體總體免疫、腫瘤細胞的增殖、誘導腫瘤細胞的凋亡。

三、護膚：促進肝細胞的恢復、提高細胞生存能力，誘發干擾素、抗病毒，預防肝硬化提高肝微粒體酶的活性。

神經體液免疫調節

一、體液調節：是指激素等化學物質通過體液傳送方式對生命活動進行的調節。體液調節與神經調節相比，其反應速度較慢，作用範圍較廣，作用時間較長，起作用途徑是體液運輸。體液有細胞內液和細胞外液（血漿、組織液和淋巴）。

二、神經調節的基本方式是反射，是指在神經系統的參與下，人體或動物體對外界環境變化作出的規律性應答。完成反射的結構基礎是：反射弧（感受器傳入神經，神經傳出神經效應器）。反射的種類分為：條件反射和非條件反射。

三、免疫調節機制：是身體通過免疫系統的作用起到保護機體的功能。

第二節　認識免疫系統與免疫分子

　　人體的免疫系統是機體執行免疫應答與免疫功能的重要系統，由免疫器官、免疫細胞和免疫分子組成。免疫系統具有識別和排除抗原性異物及與其他系統相互協調，共同維持機體內環境穩定和生理平衡的功能。免疫系統具有免疫監視、免疫防禦、免疫調控的作用，此系統有免疫器官包括：骨髓、脾臟、淋巴結、扁桃體⋯⋯等。免疫細胞包括：淋巴細胞、單核吞噬細胞、中性粒細胞、肥大細胞⋯等，以及免疫活性物質，包括抗體、溶菌酶、補體、免疫球蛋白、干擾素、白細胞介素等。免疫系統分為：固有免疫（非特異性免疫）和適應免疫（特異性免疫），其中適應免疫又分為體液免疫和細胞免疫。

　　免疫調節是身體通過免疫系統的運作起到保護機體的作用，免疫系統的免疫器官有：扁桃體、甲狀腺、胸腺、脾、骨髓⋯⋯等。

　　免疫細胞：有淋巴細胞、T 細胞、B 細胞、吞噬細胞⋯⋯等。

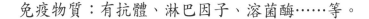

免疫物質：有抗體、淋巴因子、溶菌酶……等。

〈註〉：以上均稱為免疫系統。

免疫分子有哪些？

我們每一個人的身體中都有很多免疫細胞，它們大致可以分為兩大類：一類是 T 淋巴細胞，另一類是 B 淋巴細胞。這兩種細胞都來自於「骨髓造血幹細胞」，又可以稱為「多能幹細胞」，能夠自身複製和分化，當人體需要時就會分裂增殖，其中一部分受到激素刺激後，分化為淋巴樣幹細胞。淋巴樣幹細胞進一步分化就有了 T 細胞與 B 細胞。

另外，免疫細胞還包括：NK 細胞、嗜酸性粒細胞、血小板中性粒細胞、嗜鹼性粒細胞和單核細胞及作用於白介素（白血球）分化抗原的 CD 分子，都屬免疫分子，而且都是免疫功能的執行者。廣義的免疫分子是指所有參與免疫效應和免疫應答的細胞。分類說明：

一、T 淋巴細胞：T 淋巴細胞簡稱 T 細胞，又稱胸腺依賴性淋巴細胞，是淋巴細胞的主要成分，它具有多種生物功能，如直接殺傷靶細胞，輔助或抑制 B 細胞產

生抗體，對特異性抗原和促進有絲毫分裂原的應答反應以及產生細胞因子等，是身體中抵抗疾病感染與腫瘤形成的鬥士。

二、B淋巴細胞：亦可稱B細胞，來源於骨髓的「多能幹細胞」。B淋巴細胞的祖細胞存在於胎肝的造血細胞群中，此後B淋巴細胞的產生和分化場所逐漸被骨髓所取代。成熟的B細胞主要定居於淋巴結皮質淺層的淋巴小結和脾臟的紅髓和白髓的淋巴小結內。B細胞在抗原下可分為「漿細胞」，而「漿細胞」可合成分泌抗體（免疫球蛋白），主要執行機體的體液免疫。

三、淋巴因子：它的作用是促進B細胞的增殖和分化。淋巴因子是一種細胞因子、活化淋巴細胞產生的激素樣多肽物質，不具有抗體的結構，不能與抗原結合。不同的淋巴因子能表現出多種生物活性，並能作用於相應的靶細胞，改變靶細胞的特性或功能，是實現免疫效果和免疫調節的一分子。

四、巨噬細胞：位於組織內的白血球，來源於單核細胞，

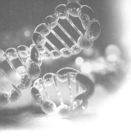
而單核細胞又來源於骨髓中的前體細胞。巨噬細胞和單核細胞都是吞噬細胞，在脊椎動物體內參與非特異性免疫和特異性免疫，巨噬細胞主要功能如下：

（一）趨化性定向運動沿著某些化學物質濃度、梯度進行定向移動，聚集到釋放這些物質的病變部位。

（二）吞噬作用，伸出偽足包圍細菌、衰老細胞等，進而攝入胞質內形成吞噬體或吞隱小泡與初級溶酶體融入，形成次級溶酶體後，被溶體酶消化分解。

巨噬細胞能消滅侵入機體的細菌，吞噬異物顆粒、消除體內衰老、損傷的細胞和變形細胞間質、殺傷腫瘤細胞，並參與免疫反應。

五、補體：是一種血清蛋白質，存在於人的血清和組織液中，活化後具有酶的活性，可以介導免疫應答和炎症反應，主要作用為：溶菌和細胞溶解、調理吞噬、免疫黏附、炎症介質……等。補體 C3 和 C4 在人體中含量最高，具有十分重要的作用，C3 和 C4 升高可

作用於各種傳染病、急性炎症、組織損傷、多發性骨髓瘤等疾病；C3 和 C4 超臨界點多，見於紅斑性狼瘡、慢性腎小球腎炎、肝病等疾病（C3 和 C4 是身體免疫系統中一種叫做「補體」的蛋白質，可以協助免疫細胞消滅敵人）。

六、單核細胞：要先提到巨噬細胞，巨噬細胞是位組織中的白細胞（白血球），由單核細胞衍生而來。也就是說，單核細胞在一定條件下能分化為巨噬細胞，研究表明單核細胞產生的細胞因子，在分化過程中起著關鍵作用。

七、樹突細胞：具有抗原呈遞，免疫調節等功能。

（一）抗原呈遞：樹突細胞具有刺激初始 T 細胞的功能，體內樹突細胞大部分處於非成熟狀態，具有極強的抗原內吞力，可通過巨胞飲、受體介導的內吞方式吞噬或攝取抗原，可使極低濃度的抗原得呈遞（抗原：為任何可誘導免疫系統產生抗體的物質）。

（二）免疫調節：成熟的樹突細胞專門加工、處理、提取各種抗原物質，在人體的免疫調節中具有中心地位，它可以調節人體的體液免疫、細胞免疫、腫瘤免疫……等，通過大量體外活化培養負載腫瘤抗原的樹突細胞，在細胞數量培育達到一定的數量回輸給病人，可誘導機體產生強烈的抗腫瘤反應，本細胞是腫瘤細胞免疫治療的重要成分。

八、粒細胞：屬白細胞，根據型態的差異可分為顆粒和無顆粒兩大類。顆粒白細胞就是粒細胞，其中含有特殊的染色顆粒，用瑞氏染色可分辨出三種顆粒的白細胞，即中性粒細胞、嗜酸性粒細胞和嗜鹼性粒細胞；極大部分粒細胞是中性粒細胞，中性粒細胞具有趨化作用、吞噬作用和殺菌作用。

九、肥大細胞：作用是分泌多種細胞因子和參與免疫調節等。肥大細胞也是一種粒細胞，在各種免疫反應中起著重要作用，主要參與機體的免疫反應。肥大細胞呈圓形或橢圓形，中心有小細胞核，細胞通過聚集或分

布在血管周圍，廣泛存在於身體與外界環境相連的部位，如：皮膚、呼吸道和消化道等。肥大細胞可以分泌多種細胞因子，參與免疫調節，肥大細胞也是一種長壽細胞，在各種炎症和修復過程中可以在組織中增殖。

十、白細胞分化抗原：是白細胞（包括血小板、血管內皮細胞……等）在正常分化成熟不同譜系和不同階段，以及活化過程中出現或消失的細胞表面標記，它們大多是穿膜的蛋白或糖蛋白，含胞膜外區、穿膜區和胞漿區。有些白細胞分化抗原，是以磷脂酰肌醇連接方式「錨」在細胞膜上，少數白細胞分化抗原是碳水化合物半抗原。

十一、CD 分子：目前實際發現與發表的大約 250 種，每種都有自己獨特的作用，也都很重要。從免疫學的角度上來講，比較重要的有像 CD1 起抗原呈遞作用；CD4、CD8 調節性 T 細胞表面重要抗原；CD11 樹突細胞表面重要抗原；CD19、CD20、CD21、B 細胞表面共刺激分子；CD80、CD86 抗原呈遞第二信號來源分子……等等。

十二、自然殺手細胞（Natural Killer Cell）：是一種細胞質中具有大顆粒的淋巴球，簡稱 NK 細胞，由骨髓淋巴樣幹細胞發育而成，其分化發育依賴於骨髓或胸線微環境，主要分布於外周血和脾臟，在淋巴結和其它組織中也有少量存在。對於先天免疫系統至關重要的細胞毒性淋巴細胞類型，對病毒感染的細胞提供快速反應，在感染後約 3 天起作用並對腫瘤形成有反應。NK 細胞屬於先天免疫系統的成員，它沒有 T 細胞和 B 細胞所具有的受體，不會進行受體的基因重組，但仍具有一些特殊受體，稱為「殺手細胞免疫球蛋白樣受體」，可以活化或抑制其作用在血液中循環，能消滅許多種病原體及多種腫瘤細胞。自然殺手細胞會直接和陌生細胞接觸，並以細胞膜破裂方式殺死，此細胞可利用分泌穿孔素及腫瘤因子摧毀目標細胞。

十三、胸腺：是我們人體的「免疫大王」之一，前胸的「胸腺」能產生免疫活性細胞，分泌出來的免疫細胞還能夠監視體內的變異細胞，可以對抗它毫不留情地

消滅它。以前醫學不發達把胸腺和闌尾一樣看待，認為是一個演化過程中的痕跡器官；隨著近半世紀以來免疫學的進展，才認識到胸腺在人體免疫功能的重要作用。

胸腺在出生時約 10 ～ 15 克，胸腺開始不斷成長；青春期的時候成長約 30 ～ 40 克，青春期後逐漸被軟組織填滿而退化萎縮；到了中年 40 歲以後大約剩 10 克，胸腺激素的分泌就完全停止，逐漸由脂肪代替；70 ～ 80 歲之間胸腺就完全萎縮，但是只要你經常不斷的刺激它、保護它，它就會保持最活躍的狀態，而且不容易生病。

胸腺算是初級的淋巴器官，血液中的淋巴細胞，70 ～ 80% 為 T 淋巴細胞（T 細胞）。它們源自於骨髓裡的造血幹細胞，被血液送到胸腺裡，再受胸腺激素的誘導，成為成熟但還沒有免疫功能的 T 細胞，再把它們送到脾臟、淋巴系統和其他器官，讓他們在那裡受胸腺激素的影響進一步成熟，隨時準備抵抗各種對人類有害的敵人。胸腺激素還能提高淋巴細胞的防禦能力，誘導 B 細胞（另一種淋巴細胞）成熟。

AIDS 為什麼不好治療？因為愛滋病毒是躲在 T 細胞裡面，所以免疫細胞看不到愛滋病毒，它看到的是 T 細胞，然後愛滋病毒逐一破壞各個免疫分子，最後讓人體整個免疫系統遭到破壞。

所以，胸腺是人體免疫至關重要的器官之一，千萬不能忽視它。目前科學家正在進行胸腺素的臨床研究，試圖用胸腺素來提高人體免疫保護力，這有可能對腫瘤等疾病的治療有所幫助。已傳來有胸腺幹細胞被研究出來的好消息，相信陸陸續續會有更多的好消息。

而「HIV」則是指人類免疫缺乏病毒，會透過體液在人跟人之間傳染攻擊人體免疫系統，使其無法正常運作；而「AIDS」則是指後天免疫缺乏症候群是感染 HIV 的人有可能得到的疾病。

免疫調節的重要性

免疫調節是指「免疫雙向調節」。簡單說：「就是免疫系統有個平均值，不能太高也不能太低；太低容易被病毒感染，太高會產生自體免疫的病症」，這就是免疫應答進行正負雙向

調節的作用，藉此行使「免疫應答」之適度，以維持機體內環境的相對穩定。

雙向調節表現在：一、排除外來抗原異物時，激活並加強「免疫應答反應」；二、外來抗原物質排除後，可使「免疫應答」自限減弱以至終止。

所以說：「免疫系統」是一把「雙刃劍」，它既能排除外來因素（異己）的侵襲，從而保證了我們的生命，又能因免疫系統的陰差陽錯導致疾病的發生。在免疫調節功能紊亂時，對外來入侵物質不能正常反應、消除，會降低機體的抗感染、抗腫瘤能力，或者對「異己」抗原產生高免疫應答性，從而導致超敏感性，易造成機體組織的「免疫損傷」，發生變態反應性疾病，我們把前者稱為「抑制」，後者稱為「超敏」。

然而，「免疫系統」有時也會打破對自身物質的不反應，而出現排斥自己的效應，則形成所謂的「自體免疫現象」。如果造成了組織損傷或免疫力超標，則可發生這類疾病，如：類風溼關節炎、紅斑性狼瘡、僵直性脊髓炎、銀屑病、漸凍人……等自身免疫性疾病，所以，調節自體免疫是至關重要的課題。

第三節　何謂免疫逃逸？

　　免疫逃逸是免疫抑制病原體通過其結構和非結構產物、拮抗、阻斷和抑制機體的免疫應答，病原體的免疫逃逸抑制如下：

一、抗原性的變化病原體的中和抗原，可經常地持續性發生突變逃逸，以建立感染免疫抗體中和及阻斷作用，導致感染的存在。

二、持續性感染細胞內病原體可隱匿於細胞內呈休眠狀態，則可逃逸細胞免疫及體液免疫的攻擊長期存活，形成持續性感染。

第四節　何謂免疫抗體？

　　免疫抗體是指機體在抗原物質刺激下，由免疫細胞產生的免疫球蛋白，能夠清除侵入機體內的病原體預防疾病；而產生免疫抗體的途徑可以是預防免疫接種接觸病原菌等，通過預防接種產生抗體屬於一種相對安全的方式，也是十分常見的免疫方式。而機體接觸病原菌後，如果自身抵抗力比較強，可以反生免疫反應產生抗體，一般也不會發病；如果自身抵抗力比較弱，則有可能會發病，但是病癒後也會產生抗體。

　　簡言之：抗體就是人體系統對某些疾病防禦的能力，而人體免疫力有防禦某些疾病的作用，也可以被稱為防禦疾病的「保護傘」，可以避免各種疾病原菌的再次感染。人體缺乏免疫力和抗體缺乏其中的任何一種，都可能導致機體的細胞引起變性，還會導致病毒侵入。

第五章
一項產品攻克全世界
醫學瓶頸

　　健康、長壽、凍齡、逆齡已經是全球人類最關注的核心問題，隨著生命科學及生物科學技術的發展與創新研發，全世界醫、科學的專家們日以繼夜地投入產品研究，只要是對人類「有益無害」的產品都會掀起一波浪潮。

　　「千人一方、萬人一藥」是現代醫學的瓶頸。「現在頭痛醫頭、腳痛醫腳」的診療方法是不科學的，但一直都存在。尤其據報導，目前全世界約有 500 多種高科技製品，只是一個製品進入一個群體，在臨床結果上最多只有 40% 有效果，但是醫學常常是 100% 用藥，這就是難以攻克的醫學瓶頸。特別是治療自體免疫疾病，前文提過的確是全世界醫學最棘手的難治性疾病。

　　後來，經臨床實驗證實「人體幹細胞」能治療自體免疫疾病，可惜的是，如果用移植方式仍有排斥性的基因問題，必

須經過一段很長時間使用抗排斥藥，直到完全屬於自己的基因組織才算安全，否則還是有危險性。

然——筆者想要告知的好消息是，現今的傑出科學家成功分離「植物幹細胞」又能用培養技術，從培養皿、培養桶，培養出成分一樣、效果一樣的「稀有人蔘皂苷」來造福全球人類。尤其最可貴的是，從一株 50 年的野山人蔘分離出各類具有功效的 PPD、RK1、Rg3、Rg5、Rh2……等諸多幹細胞小分子，研究發現竟然不止可以攻克世界上醫學的瓶頸，還能重建全身免疫系統被破壞殆盡的愛滋病患者。

因此，當第一支以 50 年野山人蔘淬取出的「人蔘皂苷」上市後，據說已打響該產品的知名度，因一支人蔘皂苷的產品，今證實可攻克全世界醫學沒能改善無法治癒的自體免疫疾病，更能明顯改善「巴金森氏症」、「阿茲海默症」及「失眠人群」症狀。難能可貴的是，創世紀的黑科技產品，隨著「Natural Biotechnology」（自然生物科技）及「Discovery Channel」探索頻道連續 3 次採訪及拍攝三部紀錄片的傳播暨十三萬篇科學論文的認證下，想必可造福全人類。

第一節　植物幹細胞之人蔘皂苷對免疫疾病的功效

　　大家都知道人蔘是什麼？但是真正了解「人蔘皂苷幹細胞」的人少之又少，尤其「人蔘皂苷」和一般市售人蔘是不同的；雖然同樣是人蔘，但市售人蔘很多消費者不能使用，會產生所謂的「自體免疫疾病」，也就是免疫力竄升超過「臨界點」，因一般市售人蔘是屬大分子，會燥熱、會提高免疫力。

　　在科學家的臨床印證下，唯有野山人蔘經「植物幹細胞」的分離培養技術，才能淬取出野山人蔘的各類小分子，如：PPD、RK1、Rg3、Rg5、Rh2……等稀有幹細胞有效成分才能不分體質、不分老少，任何人都可使用。所謂：「水能載舟、亦能覆舟」，同樣是人蔘，使用效果是截然不同。使用「人蔘皂苷幹細胞」才能調節免疫疾病，而市售人蔘相反的只會提升免疫機制，這挺危險的，千萬一定要先了解產品的特性。

　　對於全世界醫學界認定比癌症更難治療的免疫疾病，是人體免疫失調的主因，醫學界只能幫助免疫力低下的病人把免

疫力提升，卻無法讓免疫力太高的降下來。「醫學期刊」也常報導免疫力就和血壓、血糖一樣，不能太高、不能太低，才是「健康標準」！

「人蔘皂苷」被研發出來的稀有成分「PPD、RK1、Rg3、Rg5、Rh2」之各小分子幹細胞，以最難淬取的 Rh2，其最主要功能就是帶動其他元素對人體做最好保護作用，例如：調節免疫提升保護力。癌症病患在治療過程時使用放、化療藥物，除了有毒副作用外，還會破壞人體免疫功能，如能使用「50 年野山人蔘皂苷製品」，除了有效保護免疫組織系統，更能緩解放、化療的毒副作用。

免疫力是自身天然的防護屏障，免疫失調則免疫監視作用失去功能，無法清除突變的細胞，更是引發腫瘤的原因之一。人蔘皂苷 Rh2 特別能通過多種途徑調節和增強機體免疫，所以，科學家強烈推薦經常使用「人蔘皂苷幹細胞」，肯定可以達到「延年益壽、健康無疾」的功效喔！

第二節　植物幹細胞之人蔘皂苷對神經性疾病的功效

「稀有人蔘皂苷元素」從野山人蔘中淬取的 PPD、Rk1、Rg3……等成分，對人類的中樞神經有十分明顯的功能，最為人類害怕除了癌症就是「巴金森氏症」、「阿茲海默症」及「失眠」，都讓醫生束手無策。簡單說明：「巴金森氏症」就是人類腦部裡的神經系統連結「松果體」、「多巴胺」分泌不良，「阿茲海默症（老人癡呆症）」是「乙醯膽鹼」分泌不足所造成的，這和重症肌無力的病理也有關聯，就是「乙醯膽鹼」的受體被抗體封鎖，無法發揮作用造成。

而「人蔘皂苷」淬取出之各類元素，包括 PPD 能治老年癡呆症，還可抗抑鬱。Rk1 可舒緩中樞神經、增加腦功能、增強認知功能、改善記憶力；Rh2 能活化記憶組織；Rg3、Rg5則可防紫外線、促進皮膚再生、增殖成纖維細胞、改善皺紋、抗氧化、促進膠原蛋白合成……等。

正因為有這些「稀有人蔘皂苷」的元素，才能啟動「神經元傳導」的活化再生新的「多巴胺」、「乙醯膽鹼」等元素，

所以就能改善甚至好轉患了「巴金森氏症」、「阿茲海默症（老人癡呆症）」的病人。

對「失眠」人口最主要的原因，是「松果體」有一項特別功能就是分泌「褪黑激素」，在正常的作用下是人們方能安穩睡覺的元素，如果人腦裡「松果體」分泌不出「褪黑激素」，不論你躺在價格多昂貴的床，依然是「失眠一族」。另外，失眠還有很多因素：包括心理、生理、環境、藥物、生活行為、個性、精神及全身疾病……等。分別說明：

一、心理因素：生活中發生重大事件，導致情緒激動、情緒不安、持續的精神緊張，都會導致失眠，過度關注睡眠問題而產生焦慮，不僅會加重失眠，還會造成失眠持續存在。

二、生理因素：年齡、性別、飢餓、過飽、疲勞、女性激素水平變化……等生理因素，也是失眠誘發因素。例如：月經週期和絕經期的影響或在更年期間、夜間出汗和潮熱常常會影響睡眠，在懷孕期間也會常常出現失眠。

三、環境因素：睡眠環境突然改變、強光、噪音……等都有可能影響睡眠。

四、藥物因素：有些藥物（如：甲狀腺素、阿托品）會導

致人體興奮、干擾睡眠。

五、生活行為因素：有些人喝茶、喝咖啡會影響睡眠；另外，吸煙和飲酒、睡前看電視玩手機、入睡時間不規律、熬夜工作都可能擾亂正常作息，造成失眠。

六、個性特徵因素：過於細緻的個性特徵（如：對健康要求過高、過分關注、追求完美、凡事習慣性往壞處想……等）在失眠的發生中也有一定作用。

七、其他全身疾病：身體的不適也是可能導致失眠，常見的有高血壓、慢性腸胃炎及頭痛、心絞痛、關節疼痛，這些疼痛常讓患者痛到睡不著覺。另外，心臟衰竭、呼吸道疾病、肥胖病人、甲狀腺功能異常、巴金森氏症、這些特殊睡眠疾病都是失眠的群族。

失眠的病位在心與肝、脾、腎密切相關，長期失眠對人體氣血的損耗也非常大。但不論如何綜合以上幾項失眠原因，都是會影響腦部「松果體」分泌不出「褪黑激素」的問題。

然而，從野山人蔘分離培養來的「人蔘皂苷元素」裡的各種小分子，能夠「舒緩中樞神經」、「增強腦功能」，所以可活化腦部器官「松果體」，再分泌「褪黑激素」，即可改善失眠人群的睡眠品質。

第三節　植物幹細胞之人蔘皂苷對腫瘤的抑制作用

　　野山人蔘以「植物幹細胞」的分離技術成功淬出 PPD、Rk1、Rg3、Rg5、Rh2……等皂苷幹細胞元素，特別在科研裡證實「人蔘皂苷」作用和功能是抑制腫瘤細胞生長，還可誘導腫瘤細胞死亡，抑制腫瘤的活性功能及腫瘤的異常逆行分化，提高人體保護力。

　　「稀有人蔘皂苷元素」對腫瘤的特別功能如下：

一、抑制腫瘤細胞生長：人蔘皂苷 Rh2 能有效增強排解化療殘留下來的毒性，可用於減少化療使用者的化療後遺症。Rh2 的各種活性元素都能有效減輕患者的疼痛及副作用，同時，這種活性成分還可以抑制人體內腫瘤細胞的持續生長。

二、誘導腫瘤細胞死亡：「人蔘皂苷」由 Rh2 和各類元素的效能可增強人的單核巨噬細胞的吞噬功能，因此這些有效成分可以誘導腫瘤細胞死亡。

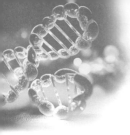

三、抑制腫瘤活性與功能研究：「人蔘皂苷」Rh2是人類
　　生命中很需要的天然活性成分，具有良好的抗腫瘤活
　　性；在一定程度上，這種活性成分可以抑制腫瘤細胞
　　的生長，有效緩解癌症狀況。

四、腫瘤逆行分化異常：「人蔘皂苷」的各類活性稀有成
　　分，對腫瘤細胞有較強的分化誘導作用，能有效提高
　　癌細胞產生黑色素的能力，使癌細胞從型態轉變為正
　　常細胞。因此，證實「人蔘皂苷」幹細胞淬取的活性
　　元素，能有效促進腫瘤和癌細胞分化為正常細胞或類
　　似的正常細胞。

五、提高人體免疫系統抵抗力：「人蔘皂苷」各類稀有
　　元素可提升人體的免疫功能，服用人蔘皂苷有效成分
　　後，患有「自體免疫疾病」的患者將可以得到改善，
　　從而減緩治療過程中的疼痛。

〈註〉：現在很多人都知道「人蔘皂苷」有豐富的抗癌作
　　　　用，可以殺滅腫瘤細胞，抑制腫瘤細胞新血管形
　　　　成，抑制癌細胞轉移。

　　其實「人蔘皂苷」尚有其他的功效，能給腫瘤病人帶來多方面的幫助，如：

一、人蔘皂苷可以幫助病人增強食慾、改善胃口。很多腫瘤病人都會出現食慾差、胃口不好、不想吃東西的症狀，主要是放、化療、靶向治療、免疫治療的副作用引起，長期胃口差，會導致病人營養不良，從而加重病情，並且降低抗癌治療的療效，危害很大，所以要增強食慾。

二、人蔘皂苷改善虛弱體質：導致腫瘤病人虛弱的原因很多，包括營養不良、貧血還有抗癌治療的副作用，譬如：放療、化療、手術……等；晚期腫瘤病人也會導致身體虛弱，服用「人蔘皂苷」可以幫助病人明顯緩解身體的虛弱。

三、人蔘皂苷緩解疲勞乏力：疲勞乏力是癌症病患最常見的症狀之一，稱為癌性疲勞。病人感覺很累、疲憊不堪、全身乏力，並且這種疲勞乏力的感覺持續存在，通過休息和睡眠無法緩解，讓病人很痛苦，服用「人蔘皂苷」可幫助病人明顯緩解疲勞乏力，因為人蔘皂

苷有廣泛的抗疲勞作用。研究發現，人蔘皂苷除對癌性疲勞、術後疲勞綜合症、慢性疲勞綜合症、運動性疲勞等，都能起到明顯改善作用，更能增強體力，從而減輕痛苦，以更好狀態去積極抗癌。

第四節　植物幹細胞之人蔘皂苷對亞健康的功效

　　首先，我們要先了解何謂「亞健康」！它是一種介於健康與疾病之間的狀態，雖然身體沒有明顯疾病，但卻總感覺到生理機能衰退、代謝水平低下；其主要表現為：疲乏無力、失眠多夢、煩躁易怒、注意力不集中或記憶力下降……等。

　　「亞健康」也是一種臨界狀態，如果不能得到即時的糾正調理，很容易引起器質性的病變。亞健康主要是引起生理上的疾病，如：「腸胃道疾病」、「高血壓」、「冠心病」、「心理功能障礙」、「失眠」、「食慾不振」、「注意力不集中」、「心情煩躁」、「心慌」、「胸悶」、「掉髮」、「黑眼圈」……等。有些患者在「身體檢查」時沒有一些器質性的病變，一般都當作功能性的病變來進行處理。

　　一般來說，正常人脈搏在休息狀態每分鐘心跳速率為60～100次，但大部分的人在60～80次之間，而且是從正常心房竇結所發出，即「竇性節律」。正常人的心跳速率會

受到許多因素的影響而改變，例如：運動時心跳會加快，而休息或睡覺時心跳就會變慢。亞健康的人則可能不定時出現脈搏過速、過緩、不均勻……等。睡眠狀態對成年人來說每天睡眠 6 ～ 8 小時，中午可以休息一會，而亞健康的患者睡眠質量不 OK，經常睡眠少於 6 小時，血壓也不穩定。所以當患者出現不適時，應該盡快去醫院做診斷。

世界衛生組織（WHO）多年來一直把「亞健康」列為調整重點，在 2014 年時曾公告：全球真正生病的人口只有 30%，約有 65% 的人口都是「亞健康」狀態，真的稱得上健康的人只有 5%。以中國大陸的人口數計算，光「亞健康」的人口數竟高達 9.8 億人。

綜合歸納「亞健康」的五大因素——

一、社會心理因素：因學習工作壓力大引起神經、內分泌功能失調，可以導致亞健康是最常見的原因。個人經歷引起焦慮、恐懼……等，心理問題也會引起「亞健康」。

二、環境因素：環境髒亂、噪音汙染、空氣汙染……等環境因素，使抵抗力下降，導致「亞健康」。

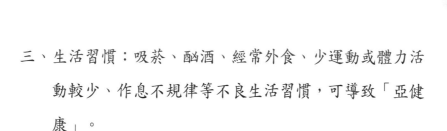

三、生活習慣：吸菸、酗酒、經常外食、少運動或體力活動較少、作息不規律等不良生活習慣，可導致「亞健康」。

四、年齡因素：自然老化也是引起亞健康的因素之一。一般 40～50 歲是高發期，但是隨著時代的發展竟越來越多青壯年進入亞健康狀態，尤其以白領人群為主。

五、遺傳因素：因為遺傳因素，也會影響「亞健康」的發生和發展。

對於「亞健康」的死亡率，世界衛生組織公告分為城市和農村。城市亞健康死亡率高達 85.3%，農村亞健康死亡率亦有 79.5%，尤其就連貧困地區亞健康死亡率也達到 60%，這是非常令人驚嚇的數據。所以，「養生」肯定會成為世界各國追求的目標。

「稀有人蔘皂苷」對於亞健康族群的功效

「稀有人蔘皂苷」中的活性小分子，PPD、Rk1、Rg3、Rg5、Rh2……等數 10 多種元素，對於亞健康族群在臨床上證實亦有以下功效：

一、長期加班族：體弱多虛的群族如能服用「稀有人蔘皂苷」，能夠明顯改善身體狀況、舒緩疲憊、提高工作效率，而且不會有藥物般產生副作用。在舒緩中樞神經的同時會激活「松果體」的「褪黑激素」，逐漸可解除疲勞、虛弱的困境。

二、身體狀態開始變差的老人：人體機能並非一成不變，隨著年齡增大，便會呈現一個下降的趨勢，「稀有人蔘皂苷」可增進機體的抵抗力，避免老人病體叢生，更能有效的減少老人出現意外風險。

三、辦公室白領、藍領與策劃及技術人員：這可是亞健康最大群族，服用「稀有人蔘皂苷」除增進機體免疫組織、促進癌細胞清除等功效外，還具備提高精神活力、緩解身心疲勞。畢竟辦公室白領、藍領與策劃及技術相關人員，因日常辦公用腦比較多，且客戶需求不斷變動，極容易影響腦部系統運作，使得神經離子不能按規律活動，也直接使腦部元素分泌失常。服用「稀有人蔘皂苷」能夠顯著地呵護身體健康的同時，還能夠蕩滌思路、提高實際的辦公效率。

　　前文說過，以往人蔘僅被應用於補血、補氣以及保健等方面，並無更高的醫學價值。然而，隨著現代醫學、科學的進步，160 年的「黑科技」被突破開始，從 50 年的野山人蔘淬出的「各種皂苷元素」互相搭配，的確能夠讓自己身體有良好理化特性。「亞健康」群族終究因由就是自身發炎了，市售的食品也好、藥品也行，總是無法讓「五臟六腑」同時進行修復，才會造成「亞健康」群族眾多。「稀有人蔘皂苷」的各類小分子正是可一併紓解人體各項不和諧，以達到身體機能重新活化各組織器官健康，亦已突破醫學瓶頸，所以，筆者才會說：「一支產品攻克全世界醫學瓶頸」。

第五節　植物幹細胞之人蔘皂苷對性功能的功效

　　古人云：「食色性也」，意思是「食慾」和「性慾」都是人的本性。性生活跟吃飯、睡覺、運動一樣是正常人不可缺少的東西，更是正常人不可或缺的基本需求。研究表明：良好的身體狀況是正常性生活的保證，同時保持積極而規律的性生活，可以促進內分泌的平衡和新陳代謝，解除壓抑的情緒，振作精神，促進健康。

　　台灣諺語「男人精、女人血」，又一說「男人重壯陽、女人重美容」，性對男、女來說都是健康的指標。醫學界也說「性是健康狀況的『晴雨表』，是人體健康的綜合體線」，有關性的研究很多，結論都非常驚人。

　　「性致勃勃」的男、女，其健康狀況比較好，研究證實身體健康、感情甚篤的配偶，性慾和性能力可以維持至 70 歲、80 歲乃至 90 歲，甚至更長，並且可促使他們更加長壽。世界衛生組織（WHO）曾宣佈一項數據，不論男、女，如果完全

喪失性生活需求時，他（她）們的壽命大概僅剩當下年紀的1/5，舉例：如果在60歲喪失性功能的話，壽命會在72至74歲產生重大病體或死亡。所以，正當理想的性慾越旺盛、壽命越長久，是生命真實定律。

　　舉幾個例子：著名畫家齊白石活到95歲，他在老年時期仍有性生活，72歲時續娶，並在婚後生育4個孩子；醫聖張仲景擔任東漢長沙太守時，年84歲仍育有1孩；當代諾貝爾獎得主楊振寧教授82歲與28歲翁帆登記結婚轟動全世界，如今百歲之齡依然氣色紅潤，可見「性」真是健康的象徵。

　　正常性生活需要健康的身體作為載體，方能延年益壽。因性生活是一種全面協調的興奮過程，可促進各種激素平衡分泌，保持各個功能器官活性，延緩組織性器官衰老。醫學研究也表明：規律適度性生活，會使前列腺定期收縮和排泄是非常有保健作用，否則前列腺液積聚可導致前列腺充血，發生無菌性前列腺癌，會出現腰痛、頻尿、尿痛等系列症狀，曾有報導與經常保持適度性生活的人相比，那終身不娶或禁慾的人更容易得前列腺癌。

　　對女性而言，性生活對女性的生殖器官和乳房會產生積極

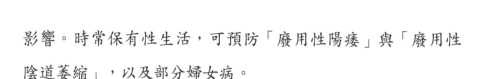

影響。時常保有性生活，可預防「廢用性陽痿」與「廢用性陰道萎縮」，以及部分婦女病。

可是當今社會的現代人普遍性慾減退，無意中讓身體健康亮起「黃燈」。性慾減退因素眾多，筆者歸納性慾減退有十大因素：

一、年齡：這是影響性慾的重要因素。男子多在青春期開始性慾達到高峰，30～40歲時開始減弱，自50歲左右起減弱更明顯，但也有多數人能保持70～80歲甚至更長；女生的性慾到30～40歲時才達到高峰，停經後逐漸減弱，50歲開始顯著減弱。

二、營養：性愛的物質基礎，研究表明蛋白質和鋅等重要元素的缺乏會引起性功能減退，對男生影響挺大的；相反地，如果充足齊全的營養或特殊性食品（千萬別亂吃含西藥的壯陽食品）均可維持性功能的正常水平。

三、情緒：人在情緒不佳時，性慾會減退，尤其是極度悲傷、恐懼、消沈和絕望……等惡劣狀態下，性慾會顯著受影響，甚至有可能完全喪失。有鑑於此，在親密

愛人情緒不佳時，首要的是幫助另一半消除不良情緒
做好心理保健，漸漸疏導其恢復心理開朗。

四、嗜菸、酒：臨床研究表明——長期大量吸菸與不吸菸
　　者相比，更容易引起陽痿。長期嗜酒者會使性功能減
　　退、性慾下降；據研究報告：大量飲酒會引起血管擴
　　張、陰莖的血液和快感缺乏，導致性慾下降，但因喝
　　酒對性功能的影響是可逆的，大多數人在戒除菸、酒
　　後，性功能可逐漸恢復至正常水平。

五、健康問題：健康者對性慾的影響既重要又複雜，因
　　為只有身心都健康的人，方可長期保持較高的性慾機
　　能。只是確實有些患重疾的患者產生極大的相對反
　　應，有的忽然間性慾變弱，有的性慾則變強，這是病
　　理學及基因的問題，無法一概而論。總之，保持健康
　　身體的性愛才是正常的。

六、季節、氣溫：調查報告顯示，在氣溫偏低的季節中多
　　數人性慾較強，尤其春季被認定是求愛盛季，而太陽
　　高照的夏季則是性慾較弱的季節。

七、居住環境：居住在雜亂無章、通風不良、對於擁擠的環境，不僅會引起心情不佳，而且由於室內新鮮空氣不足，導致大腦供氧不足影響性慾；特別是幾代人同居一室或與子女共睡，會形成無形的心理壓力，容易引起性功能障礙。

八、感情：人類與動物不同，性慾的產生並不是單純的生物本能，是有愛情所引發。因此，夫妻或情侶間感情出現障礙，對另一半產生厭煩心理、性慾大多減退。所以，性生活和諧源於夫妻情侶間和諧感情。

九、藥物：長期或大量服用藥物，可使性功能減退，甚至可以引起男人陽痿和女人性冷漠。尤其吸毒者，終將完全喪失性慾。

十、性生活不穩性：性慾發生有內在性及外在性。內在性是性激素作用產生；外在性是性生活單調很少與人交流，缺乏性愛方面的誘發因素性慾便受到抑制，導致性慾降低……等。

正如英國一支黑啤酒的廣告詞說的：性愛不僅是好的，而且對人也益處多多。研究證明性生活越是豐富的人就越健康，

這是闡釋性愛對人體的重要作用。正視上文提出 10 項降低性慾的問題，有則改善，否則健康與長壽將離你越來越遠。

植物幹細胞之「人蔘皂苷」的稀有元素主要能夠達到強身健體的功效，對於各種症狀造成的虛弱體質、性慾減退、性功能不佳，能有非常好的調理作用。因「稀有人蔘皂苷」具有促進性激素的功能，有助於下丘腦釋放性激素因子分泌，對因各種因素造成的皮層性和脊髓性的性功能障礙有特殊效果。中醫講：人蔘具有補益腎氣作用，可用於治腎陽虛衰、腎精虧損、對麻痺型、早洩型陽痿有很好療效。總之，凡是男、女性功能低下的各種問題，「人蔘皂苷」幹細胞有治療改善的功能。切記！性是正常、是純潔的，只要不是雜亂不正常的性關係，都是健康的。切記！性命、性命！有性才有命喔！

第六章
植物幹細胞的基轉

　　在這一章節，我想必須談談「植物幹細胞」的基轉，相對於人體幹細胞，一般人對於植物幹細胞的了解較少。我從植物幹細胞的概念、特徵、分類和應用說起，對植物幹細胞進行較系統的闡述。另外，植物幹細胞、植物癒傷組織細胞以及人體幹細胞的差異做比較，才能有利於大眾讀者更清楚的理解植物幹細胞的相關概念，增強對最新「黑科技」植物幹細胞的認知。

　　幹細胞是指具有自我更新能力和增殖分化能力的一類細胞，目前大眾讀者對人體幹細胞的理論和應用了解較多。而由於植物幹細胞的全能型，長期以來很多人都被誤導植物中不存在「幹細胞」，再加上科學家之前對「植物幹細胞」的研究都失敗，則造成科學家對「植物幹細胞」、「人體幹細胞」及「植物癒傷組織細胞」的認知往往混淆不清，因此，筆者

覺得對「植物幹細胞」的相關資訊應進行總結，讓大眾讀者更清楚何謂「植物幹細胞」是必須的？

一、植物幹細胞的定義：

是位於植物分生組織中固有的未分化細胞，具有自我更新和再生能力。植物幹細胞除了具有很強的自我更新能力，並且可以分化為特化的細胞類型，這些特化的細胞產生新的植物器官（根、莖、葉和花菓等）。這些細胞表型的變化是由影響植物功能的基因表達引起的，受到內源性和外源性的信號共同調節，維持幹細胞活性與數量位於分生組織。

植物幹細胞與人體幹細胞的比較：在人體中通常將幹細胞分為「胚胎幹細胞」和「成體幹細胞」，而在「胚胎幹細胞」又分為「全能幹細胞」、「多能幹細胞」和「單能幹細胞」。而「成體幹細胞」可發育成完整個體（如：造血幹細胞、神經幹細胞、間充質幹細胞、皮膚幹細胞…等），大多具有分化潛能，可以分化形成除自身組織細胞外的其他組織細胞。真正具有全能性的細胞是受精卵和其分裂產生的子細胞，與此相比，許多植物幹細胞具有旺盛的再生能力，在幹細胞的

整個生活週期中，能使植物生長並且產生新的器官（如：植物的樹芽、根尖）。

　　植物幹細胞與植物癒傷組織細胞的比較：植物癒傷組織細胞是由成體細胞經過脫氧分化而形成的具有分化能力的細胞，雖然癒傷組織的分化能力與植物幹細胞相似，但它們在來源、細胞分化和增殖能力等方面是不同的。植物癒傷組織來源於異質性的體細胞，它是體細胞對損傷的暫時響應是一個臨時獲得，但癒傷組織不易維持穩定的細胞分裂，終將失去細胞活性；而植物幹細胞來源於植物分生組織的同質性細胞，它們在植物的整個生命週期可以產生並形成新的組織和器官，尤其植物幹細胞最大特點是有分裂細胞的功能，所以才能讓植物活上百年、上千年。

二、植物幹細胞的類型與調控：

　　植物幹細胞分三大類型，分佈於「樹芽」、「根尖」及「形成層」。「樹芽」分生組織包括中心區和中心區下方的帶狀區，中心區包括上部幹細胞區和下部的組織中心，幹細胞分裂時，上部的幹細胞分裂成兩部分子細胞，一部分幹細胞後裔留在中心區並保持多能性；另一部分細胞則離開「樹芽」

分生組織的中心區，但保持較快的分裂速度，最終分化成葉或者花菓的原基器官，是為側生器官的生長和分化提供保證。目前已知位於幹細胞周圍的「組織中心」保持「樹芽幹細胞」特徵的必要信號分子，它參與對「樹芽幹細胞」穩定調控，使整個幹細胞保持連續不斷的自我更新和分化。

根尖分生組織中的幹細胞：靜止中心位於根尖分生組織中心，幹細胞則圍繞在靜止中心細胞周圍，靜止中心作為組織中心維持幹細胞的穩定和功能，靜止中心周圍的幹細胞分佈於柱鞘外側。目前已知作為最主要的幹細胞決定因子，特異的表達於根尖分生組織之靜止中心，參與對根尖幹細胞的穩定調控，使整個植物的「根尖幹細胞」保持連續不斷的自我更新和分化。

三、結語：

植物幹細胞是位於植物分生組織中固有的未分化細胞，它們具有自我更新和再生能力。根據目前大眾讀者對「植物幹細胞」了解不多，祈願本書對「植物幹細胞」、「人體幹細胞」和「植物癒傷組織細胞」的論述，能讓您吸收較新的國際科學研究的新技術資訊。

第一節 植物幹細胞與中醫藥現代化

　　中國的植物資源和中醫藥文化是個巨大的寶庫，我們是可以好好地開發這一寶庫。很多植物資源現在的狀況，就好像100年前中東地區有豐富的地下石油，卻不知如何利用、如何開發？現在要做的就像是完全環保挖都挖不完的油井和礦，讓中國植物資源中心之「植物幹細胞」和中醫藥傳統智慧可以更好地發光出彩，幫助人們對健康的希望成真。

　　目前，中國醫藥在實施現代化及國際化的道路上面臨著「為何有效」、「有方無藥」、「有藥無效」、「有藥無標」等關鍵問題。現代科技則能通過以下七大方（知、藥、效、標、環、安、世）助力中醫藥突破發展瓶頸。

一、知：

　　知其所以然，解密「為何有效」？由於時代變遷和氣候變化，現今哪怕是道地的中藥材也很難有與古書籍紀載時的相同效果，而且無法提供成分標準的大數量實驗樣本。今可通

過改變培養方式篩檢，以重現古書籍中的傳奇植物成分，一旦確定相關藥理學功效，重現標準化樣本，則能充分解釋其「為何有效」？

二、藥：

　　提供稀缺藥材克服「有方無藥」。因天然原材料稀缺，很多有治療功能的天然成分只能存在傳說之中，無法得到科學證明，通過「分離及培養」技術，將中藥材的幹細胞活性功效成分淬取出，便可獲得足量標準化樣品，讓相關研究可以穩定地全面展開，使原料生產效率低或者「有方無藥」的問題迎刃而解。

三、效能：

　　確保成分高效克服「有藥無效」。中藥材真正起作用的功能成分普通含量稀少，即使服用了效果也不顯著；現可依「植物幹細胞」成功分離、培養，將有效成分淬取，提供天然穩定標準化，讓效能得到保障，進而克服「有藥無效」的問題。

四、標準化：

系統嚴格標準化、克服「有藥無標」。標準化是中醫藥的傳統大難題，從根本上實現目標有效成分的生產標準化問題、各個重要的生產環節設置質量檢測點進行全程質量監控，要符合國際製藥業的標準生產和質量監測體系要求，從源頭解決「標準化」問題，現今「植物幹細胞」分離技術成功、標準化已可完整執行。

五、環境：

保護環境，避免環境破壞。有效的保護中醫藥成分，必須避免對環境的破壞，維持環境可持續發展；打破時空局限，實現足以供應全球需求的大規模生產，且不受所在地氣候影響。今科學家更打破傳統栽種法，以培養皿、培養桶及基因工程，已可取代「土地種植」、「水源」、「空氣」汙染等問題，可見環境保護、避免破壞已沒有困擾問題。

六、安全：

流程安全隔絕危險因素。目前中醫藥材面臨重大問題之一，就是嚴重的農藥和重金屬殘留，我們現在的「植物幹細

胞」技術已經全程不使用任何農藥、重金屬、抗生素且全程無菌，絕對符合各類安全性標準及要求。

七、世界觀：

　　有助中醫藥國際化融匯東西方醫學。根據科研經驗，天然複合成分的效能通常遠優於天然單體成分，但因單體成分效率很低，掛一漏百；標準化的複合成分可以弘揚中醫藥魅力，同時也是西方現代醫學的發展方向，穩定提供純天然的多種標準化中醫藥成分，讓效能繼續得到優化，使東西方醫學智慧、造福人群。

　　以上為「植物幹細胞」對於中醫藥現代化的重要意義。

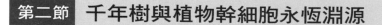

第二節　千年樹與植物幹細胞永恆淵源

　　「千年樹、百年枝、葉菓永常存」。樹木之所以能「松柏長青」永不凋零，在科學家努力臨床研究證實下，樹木擁有令人驚奇的「不會死細胞」就是植物幹細胞（Plant Stem Cell），最主要是在植物體內有著非常稀少卻永恆活潑的生命力細胞（Immortal Cell），包含有關於植物發育和生長的所有程式，都是植物細胞的生命力根源（Origin）。植物每年都需要長出新的葉子、新的根，樹幹也會不斷加粗，是因植物身上之「植物幹細胞」存在於「樹芽、根尖、形成層」的分生組織裡面，它們具有非常驚人的再生能力，這些正是使得植物可以在數百年、甚至數千年間不斷生長，並生成全新的器官主要因素。

植物幹細胞的特性

一、永生不老：

　　即使是 5,000 多年狐尾松或 8,000 年以上的龍血樹，

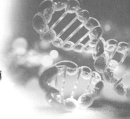

身上的幹細胞活性依然只有 1 歲，的確是不死不朽的細胞
（Immortal Cell）。

二、全能分化：

　　它帶有植物所有的基因，所以能分化成植物身上的所有種
類細胞，也能生產該植物所有的植化素。

三、生長迅速：

　　不僅生長迅速，而且不會老化，所以只要提供充足的養
分，它就能不斷地倍增、生長。

四、生命力強：

　　耐高壓，所以植化素的含量也比普通植物細胞高。

分離培養

　　由於植物幹細胞的獨特構造，儘管有了 160 年努力，卻從
來沒有人能成功地將植物幹細胞活性元素分離出來及培養先
例。直到 2005 年，才有科學家暨其研究團隊成功分離培養植

物幹細胞開始，讓世界唯一的黑科技正式踏上新的里程碑。

尤其，科學家以形成層幹細胞技術分離培養野山人蔘高新科技來說，「形成層植物幹細胞」是由具很薄且微小的細胞壁的微小細胞層構成，在分離過程中極易受損。「形成層」是由狹窄地沿軸方向微細地分布著，具有很薄的細胞壁和很多液泡的細胞構成，夾在很厚的細胞壁的維管束組織中間，有著提取時極易受損的技術難點。

「形成層」是植物分裂組織，即植物的幹細胞組織。形成層由很薄的細胞壁、很少層樹的細胞構成，在植物體內極微量存在。由於這樣的結構特點，如果施加物理性外力的話，在分離過程中極易受損並喪失幹細胞的特性。

直到世界首次成功分離，並培養了植物幹細胞，才使國際肯定與讚賞。

植物幹細胞的調控機制

近期，中國科學技術大學生命科學課題組研究揭示了「植物幹細胞」調控的新機制。研究顯示：幹細胞維持與分化的調控，對於人體或是對於植物的生長發育而言，具有重要意

義，一旦幹細胞功能發生異常，人體和植物的生長和發育均會出現嚴重缺陷。然而，目前對於植物和人體的幹細胞調控之共同機制尚不清楚。

　　先前研究有報導「過氧化氫」在人體幹細胞分化調控有著重要作用，該研究表明：超氧根和過氧化氫做為新的信號，調控植物幹細胞的維持與分化，在植物莖頂端分生組織中超氧根，主要在幹細胞聚集，而過氧化莖主要在分化細胞聚集。這種分佈模式，依賴於一系列活性氧代謝基因在分生組織中特異表達模式。研究發現，絕大多數的「超氧化物歧化酶（SOD）」特異在分化細胞表達，而「過氧化物酶」在幹細胞特異表達，通過重要調控基因表達及維持幹細胞穩定。此外，研究還發現超氧根和過氧化氫之間形成相互拮抗，而決定幹細胞的命運；此研究揭示，這種新的幹細胞調控的信號，可能在植物和人體中是保守的，並為研究介導的幹細胞命運調控機制提供了理論基出。

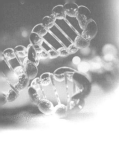

第三節 植物幹細胞的應用前景

　　植物幹細胞應用前景，就是在植物細胞市場獲得各種信息和資料的基礎上，運用科學的淬取技術和方法，對影響植物幹細胞市場供求變化的諸多因素進行調查研究，掌握植物幹細胞。為經營決策提供可靠的依據，首要條件就是需要真正的「植物幹細胞」產品。

　　與此同時，植物幹細胞技術使很多原本無效或很難進行的基礎研究得以實現；為效能研究和應用技術提供標準化樣品，解決「從實驗室到工廠」的量產瓶頸，根本解決植物資源保護和開發利用之間的矛盾，不管是學術研究的突破或商業化的發展，都會帶來突破性的應用前景。

　　我們可以從七個領域看到這項技術的應用前景和投資價值：

一、生物科技：

　　影響多領域生物科技，「植物幹細胞技術」打破科學家不可能的理論，改變生物科技的研究發現與發展。

二、預防醫學：

　　植物幹細胞技術將中草藥成效發揮地淋漓盡致，同時能夠標準化、產量化，使得更多人可以使用，達到預防勝於治療的目的。

三、美容化妝：

　　植物幹細胞技術可以小分子分離和培養出來相關的植物幹細胞，用於美容化妝品上，更容易被吸收且安全使用。

四、未來農業：

　　植物幹細胞技術改善農產品的品質、營養價值、產量，不再受土地資源不足的限制。

五、食品安檢：

　　植物幹細胞技術解決農藥、重金屬、微生物殘留的問題，讓大家吃得安心、用得安心。

六、珍貴草藥：

　　植物幹細胞技術保留快要絕種的珍貴中草藥品種，並提供無限量生產，造福後代。

七、環境變遷：

　　植物幹細胞解決種植帶來的環境問題，如：環境汙染、地球規律、空氣混濁……等，以達到環境保護目的。

第貳部

第一章
植物幹細胞健康長壽、奢華逆齡之美

有一種奢華是值得逆齡！

植物幹細胞開啟健康、長壽、逆齡、青春密碼之鑰；

它象徵著青春、靚麗、自信和高貴；

擁有著所有人都無法抗拒的魅力！

您留不住的只是歲月，而非生命與健康！

綠，是生命勃發的昂揚，

猶如參天大樹，從一株幼苗開始，

沐浴陽光雨露，才能綻放沁人心脾的綠；

這，是吸取天地精華象徵；

這，就是「植物幹細胞」給您的芳華！

正如上帝之手，重現您渴望的年輕、

靚麗、健康、直至靈魂，

來自於蛻變、來自於內心成長，

您將因「植物幹細胞」而溫馨！

您將因「植物幹細胞」而長青！

　　衰老——是身心的咒語；衰老不只是歲月的痕跡，也是一場無硝煙的戰爭。

　　當您對著鏡子感嘆歲月流逝的時候，您不會想到其實身體早在 25 歲時，就開始走向衰老。古往今來，那些期盼長生的不可方物的古人，在經歷萬千次不老藥的期待後，也只曇花一現般地留下短暫傳說。

　　「年輕」，如同一場虛幻的夢境，真實卻不可觸及傾城的容顏，隨著光陰的推移，只剩下一聲嘆息。

衰老的定義

　　衰老，是由於身體細胞群在人的生命週期中長期受到環境（內、外）衝擊傷害，引起身體各組織器官功能喪失的一種慢性疾病；這種病發源於成年期，在中年期「正式」患上，50 歲以後，明顯加重。衰老與疾病有關，疾病又與遺傳環境有關，因此，肯定了衰老是一種慢性、進行性、退化性疾病。

依目前的科技水平上只能做到的是修復的功能、延緩它的速度。

衰老表現

一、輕度衰老：

神經系統和皮膚方面的表現，容易疲勞、頭昏、頭疼、記憶力下降、免疫力下降、皮膚暗淡、彈性降低、偏乾。

二、中度衰老：

神經系統加重、消化、泌尿、生殖系統出現症狀，表現在外部的皮膚問題明顯出現，肌肉、骨髓運動系統也出現症狀。煩躁易怒、抵抗力低下、體力衰退、失眠多夢、臀部下垂、腰腹部贅肉增多、畏寒怕冷、腰膝酸軟，乳房下垂、月經混亂、性慾減退，頻尿、夜尿增多、腸胃功能失調、便秘，皮膚乾燥、粗糙、皺紋增多、眼角下垂、眼袋、雙下巴、鼻唇溝變深、色斑出現、全身皮膚搔癢，頭髮逐漸乾枯、彈性降低、白髮增多、大量出現白髮，牙齦萎縮、不明原因的全身痠疼。

三、重度衰老：

內分泌、免疫系統症狀出現、慢性疾病發生、各器官系統症狀也出現併發症伴隨，生理時鐘紊亂、新陳代謝失調、內分泌失調、免疫功能全面減退，體質全面下降出現各種與衰老相關疾病，如：老年痴呆、中風偏癱、骨質增生、高血壓、冠心病、糖尿病、更年期綜合症等，皮膚皺紋增多、皮膚肌肉鬆弛、老年斑出現、乳房及外生殖器萎縮、陰道乾澀⋯⋯等等。

保養勝於治療。切記！現在不養生，將來養醫生；現在不保健，未來養醫院。為了自己和家人，請儘早保養喔！

青春永葆——不再是天方夜譚

任誰——並不願這樣老去，只是白天、黑夜不斷地催促將青春從身邊奪去，連伸手也無法觸及、塵封的歲月，請別哭泣。

莫讓歲月侵蝕嫣然的笑臉，因為——只要心中還有夢的靚光，就應該讓它傲然綻放⋯⋯！

健康、長壽、靚麗、逆齡——青春開啟之鑰！

植物幹細胞——才是生命科學的元素！才是生物科技的王道！

創造人類追求的，更想要回上天給我們人類的正常壽命——長命百歲！

呷百二、120 歲的希望！

一項嶄新「黑科技」已引爆全球！

為人類的健康、長青、青春靚麗、逆齡——之鑰，可以隨時拿在手上喔！

心中有希望，別怨命，「正能量」會順勢推您一把！

就讓偉大的科學家為您解開「植物幹細胞」的神奇！

地球始於 45 億年前，是各種動植物的生命體逐漸誕生開啟。奇妙的是，人類與動物從年幼到年邁最終走向死亡，是單向生命進程；而植物則年復一年，度過春、夏、秋、冬四季氣候，乃春風吹又生，是循環式的生命進程。然而，人和動物可自由行走，自行尋找資源充足，以及適合居住的地方；而植物一旦落地生根，此生無法遷移，動物看似比植物更具備生存的條件優勢，事實上，植物比人類和動物的生存能力更高。

　　人與動物能活 100 ～ 200 年已叫人匪夷所思，然而植物卻能存活近萬年，如：瑞典達拉納省山區的挪威雲杉樹已有 9,550 歲，目前仍屹立不搖地生存著。除了長壽，植物也是地球上體積最大的生命體，如：紅豆杉，生長可高達 100 公尺，重達 3,000 噸；無論是極度炎熱的大沙漠，還是風雪交加的嚴冬氣候，植物都能在嚴峻的環境下生存，這種驚人的生存能力是人類和其他動物所遙不可及的。

　　植物為何擁有長生不死且強大的生命力呢？從 170 多年前開始，世界各國的科學家不斷對植物生態展開研究，最終找到植物生存能力的源頭，那就是「植物幹細胞」，植物幹細胞乃植物生命體中的萬能、原始、不朽細胞。

　　科學家們發現植物幹細胞位於樹體中的「樹芽、根尖、形成層」，每當植物遇到自然界的惡劣環境，比如：高熱、嚴寒、高輻射或損傷時，植物幹細胞將產生植物所需的物質，進而擁護或修復植物的軀體。於是全球科學家企圖將植物幹細胞從形成層中完整的分離出來，總以失敗告終；因此，這項研究一度被認為科學家無法實現的「黑科技」。終於在 2005 年，科學家成功將植物幹細胞完整分離及成功培養，突破 160 年

來植物科技領域的瓶頸而聲名鵲起。究竟植物幹細胞技術與市面上的幹細胞技術有何不同？真正的植物幹細胞是從「樹芽、根尖、形成層」中未分化的原始分生組織細胞淬取出來，堪稱「萬能幹細胞」，皆因能製造或產生一切植物所需的物質，並且長久生存的。

　　「植物幹細胞」技術無須添加任何人造激素，僅利用植物天然的生存智慧以及在無菌的環境中就能迅速成長，成分百分百全天然。所以「植物幹細胞」製品才能成為世界各國所有各大媒體爭相報導的主題。

植物幹細胞製品——逆齡抗衰老聖品

　　人體是由 270 多種不同組織約 60 兆個細胞組成的有機體，人體衰老是在新陳代謝過程中細胞更新速度小於衰老速度時，從而產生細胞更新不足，表現為全身各系統功能下降、代謝緩慢、外觀蒼老等症狀。因此，人類目前抗衰老的最佳方案就是改善細胞及器官的代謝功能，恢復體內細胞應有的數量和活躍程度，而機體內能夠產生這種更新作用的細胞就叫做「幹細胞」。人體有「24 種母幹細胞」，醫學界稱為「全能

幹細胞」。「幹細胞」最新抗衰老療法是攝入以「黑科技」分離，培養成功的活性「植物幹細胞」元素來修復衰老細胞，走向活化達到基因重組，是目前國際上最安全、最有效的抗衰老的方法。

植物幹細胞抗衰老優勢

一、安全可靠：

　　採用全球唯一「植物幹細胞」技術，沒有基因排斥問題，已成功幫助眾多病患找回健康。

二、效果明顯：

　　從 50 年野山人蔘運用「植物幹細胞」的分離、培養技術淬取出「稀有人蔘皂苷幹細胞」，讓使用者能明顯改善身體健康機能。

三、多重功效：

　　從根本上改善人體的細胞功能，即可美容和抗衰老，又可預防潛在疾病，防患於未然。

植物幹細胞抗衰老的主要功效

01. 延長健康生命，保持年輕狀態。「植物幹細胞」療法，能夠使生命暨生活品質達到延年益壽的希望。

02. 改善神經系統功能，改變精神面貌。

03. 促進神經元細胞再次發育。

04. 增加深度睡眠質量。

05. 提高記憶力和思維分析能力。

06. 促進內啡肽分泌。

07. 緩解急躁情緒。

08. 使人心情愉快。

09. 提高工作效率。

10. 改善生殖系統功能，增強性能力。

11. 目前最為有效恢復性功能的治療方法。

12. 男性性功能衰弱者能明顯改善。

13. 女性卵巢早衰明顯改善。

14. 身體體脂肪重新分佈塑造完美形體，趨向年輕化。

15. 調節運動系統功能，增強機體活力。

16. 改善人體肌肉骨骼。

17. 改善退行性疾病之病變。

18. 使機體和組織的功能保持年輕狀態。

19. 精力充沛。

20. 長時間工作無疲勞感。

21. 調節免疫系統，提升保護力。

22. 改善內分泌系統。

23. 激活免疫系統，雙向調節並保持機體旺盛的免疫防禦機制。

24. 改善消化系統功能，全面補給營養能量，改善新陳代謝，促進食慾，提升腸胃道機能，緩解甚至消除便秘症狀，促使吸收功能好轉，全面補充人體所需的各種營養物質。

25. 皮膚年輕化：淡化色斑、去除皺紋、緊緻鬆弛皮膚、美白，恢復年輕時的皮膚彈性。

26. 進化排毒：排毒解毒、淨化體液、清除體內垃圾。

27. 預防疾病綜合治療：改善循環、呼吸、泌尿等系統功能、降低心血管疾病、糖尿病、血液疾病、神經系統

疾病（如：偏癱、老年性癡呆、帕金森氏症等）的發病率，還有抗過敏、抗輻射抗基因突變、預防腫瘤發生的作用，最主要功能是能重組人體 DNA，才能遠離疾病。

28. 抗輻射、排解體內重金屬暨鉛中毒（兒童鉛中毒比例很高）。

植物幹細胞分離、培養的人蔘皂苷對抗衰老常見問題

Q1 為什麼稀有人蔘皂苷可以使人重獲青春？

A1 導致皮膚衰老的主要因素，就是原纖維細胞斷裂病變引起。稀有人蔘皂苷的活性小分子能全面啟動補充激活表皮幹細胞，從而吞噬色素、消除色斑、增加膠原分泌、改善皮膚彈性，同時稀有人蔘皂苷也能促進衰老細胞再生，刺激產生更具活性的蛋白質；活化並再生人體內分泌平衡，改善生理機能，令新陳代謝更加旺盛。因此，年齡增長而產生衰老問題能得到極大的改善，使人重獲青春。

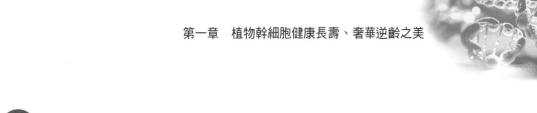

Q2 使用稀有人蔘皂苷抗衰老，多久能感覺到療效？

A2 每個人的身體情況和衰老症狀不同，吸收系統也不同，作用時間也略有不同，但總體來說——使用植物幹細胞的人蔘皂苷產品，最快在 24 小時內即可體會到部分作用，3～6 個月後就會感受到「稀有人蔘皂苷」抗衰老的作用，這種感受包括會覺得精力充沛、更有活力、免疫系統強化、應付壓力的心理和生理能力大大提升，對付某些疾病的免疫能力增強等，通常來說：

（1）第 1 週：精神煥發、消除疲勞、睡眠改善、面部出現光澤。

（2）第 1 個月：體力充沛、性慾增強、面部色斑開始淡化、皺紋減輕。

（3）第 3 個月：機體恢復、解決亞健康狀態、逆轉衰老趨勢。

Q3 使用「人蔘皂苷」有沒有副作用或著過敏反應？

A3 長時間產品使用者，眾多未出現任何不良反應，更不

會有市售人蔘的燥熱問題（因市售的大部分是2～6年的人工蔘），唯少數使用人蔘皂苷的案例會有瞑眩反應，如：身體曾受過傷的部位在使用產品後，會有些微疼痛或痠軟出現，此為把舊傷再修復，通常在2～3天就自行消散，無其他併發症。「植物幹細胞」在臨床上還做了包括：急性毒性試驗、長期毒性試驗、致瘤性試驗、致時性試驗、局部刺激試驗、發熱試驗、免疫毒性試驗，結果表明，「植物幹細胞」淬取的元素臨床應用是安全的。

植物幹細胞的功能和優勢

一、全面性：

全面重建和提升人體全身的機體免疫系統、調節機體的免疫功能、有效抵抗疾病的發生、延長生命、改善生活質量、延緩衰老、增加食慾、改善睡眠、增強體質……等。

二、安全性：

在製備過程、製備環境以及製劑質量控制極其嚴格，運用

實驗室無毒無菌的培養桶萃取植物活性小分子，沒有種植就沒有土壤、水源、空氣的汙染問題，更沒有農藥及重金屬問題，才能篩選出真正「植物幹細胞」分離的人蔘皂苷活性元素，才能製造出完全無毒副作用製品。

三、持久性：

「植物幹細胞淬取的人蔘皂苷」進入人體後，全面啟動機體免疫調節系統，恢復機體免疫功能，持久抵抗衰老進程及殺傷腫瘤細胞。

四、徹底性：

全面提升免疫保護機制、徹底清除體內致衰老因子和殘留腫瘤細胞和微小轉移病灶，更能徹底消除不良的自由基。

五、適應性：

有效治療大多數體質較差或因機體衰老所引發免疫力下降的人群。

六、調整性：

改善體型，使體重恢復到正常水平。

您想健康長壽嗎？您想靚麗逆齡嗎？讓——植物幹細胞，為您開啟成真——美夢！

稀有人蔘皂苷的特殊功效

一、加速膠原蛋白合成、細緻毛孔、淡化色斑、改善膚質。

二、改善血液循環、降低膽固醇與甘油三酯水平、降低動脈粥狀硬化風險、減少患心臟病的風險、減輕某些慢性病相關症狀。

三、提高性能力、平衡整體激素水平。

四、調節免疫系統抵抗疾病能力。

五、改善腸胃道、免除便祕的問題。

六、促進神經細胞修復與激活、改善睡眠、促進持久力與能量水平，使精神更飽滿、身體狀態與工作效率更高。

七、全面組織修補與傷口治療、使女性生育後體力恢復到原有的健康狀態（哺乳期間不建議使用）。

八、延緩更年期、更年期前症狀減少、舒緩、經前綜合症、
減輕經前壓力，以及相關婦科問題。

佔據健康60％的心態平衡與心靈排毒

世界衛生組織（WHO）的研究表明，正確生活方式、心態平衡佔有人類健康標準的60％。在傳遞健康的知識時，務必要把身心靈的正能量一起傳達，正如老一輩的長者常說的「心病無藥醫」、「氣死驗無傷（台語）」。所以說，一個人的健康60%取決於自我保健意識，可見良好的心態和正確生活方式是健康的重中之重，切記！把健康交給醫生都是對自己和家庭不負責的方法。雖然有病要看醫生是人的常態觀念，但世界衛生組織（WHO）也表示「是藥三分毒」，自己才是真正的醫生，由此可見擁有正確的心態及養生概念才是王道。

不知您有沒有這種感覺？身邊很多把「養生」掛在嘴邊的人或者堅持「養生」的人，有時不僅沒有真的身體比別人健康，反而比別人有更多問題。比如：常常拿著保溫杯泡枸杞的人，如果脾氣不好，那他依舊會著急上火；常常說要早睡

早起的人，如果他心情鬱結，那他依舊會精神恍惚；常常不吃垃圾食品的人，如果長期焦慮，那他依舊會內分泌紊亂。發現了嗎？情緒不好時，很多養生都是徒勞無益的；當您情緒不好時，用再多的護膚保養品都留不住年輕容顏；當您情緒不好時，用再多的護膚保養品都保持不了精神容光。

　　世界衛生組織（WHO）一再表明：世界上 90% 的疾病、臉上的歲月留下的殘酷痕跡，都是情緒打了敗仗。請記得，最好的養生從不是什麼形式主義的用外來物做一時調節身體，而是持續保持良好的情緒、有個健康的心態，否則即使讓您使用最高檔的「植物幹細胞」系列聖品，可能也會「事倍功半」的效果，畢竟「養生遠遠不如養心」，養好心就是養好容顏，就是養好您的精神長相。

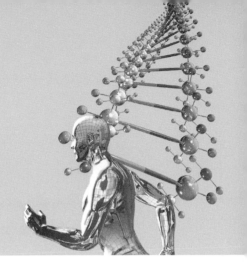

第二章

無毒一身「清」

2009 年，台灣衛福部提出癌症指數排行報告大腸癌直線上升，首次超越男性肝癌、女性肺癌，至 2020 年大腸癌增至 6,489 人，無獨有偶，世界衛生組織（WHO）對國際公告，世界各國包含已開發國家和開發中國家，癌症指數是由大腸癌竄升榜首，這是一個很可怕的數據。按人類基因學的臨床，男性的肝癌及女性的肺癌於比率上會較高，如今大腸癌急速上升，是每個人該有所警惕的時候。

2009 年世界衛生組織（WHO）有正式公告國際：「體內毒素，尤其是宿便未清除，加上個人情緒問題，將可產生人體內約 800 種的毒素。」因此，排毒的需要是刻不容緩。近年來，市面上及各種廣告經常聽到「排毒」這個名詞，其實「排毒」這名稱，在很多年前我也經常在各大大小小的演講場次提出，只是很多人並未在意，有些人甚至把排毒當成是「為

了減肥而消除體內的毒素」，而且有些醫院很早期即出現所謂「減肥排毒」與「肝膽排毒」等詞彙。

醫學界稱為萬病根源的毒素，大部分是由宿便造成，另有化學品、渾濁的空氣、惡臭的水、失去生命的土地、患病的動植物、鉛、砷、鎘及汞……等有毒重金屬，無一不是毒素的來源。我們認為談「排毒」，必須先了解毒素是如何造成？都是人類咎由自取！由於大量使用農藥和化學肥料，導致土地汙染，植物中積下毒素，工廠廢水汙染水源，使病菌有賴以繁殖的溫床，汽車和各種工廠廢棄汙染的空氣，因此出現酸雨。亂丟垃圾，新的細菌不斷突變而出，與人類最密切，尤其是女性朋友最愛的化妝品和食品，均是以化學成分製造而成。所以，人體內就產生各種毒素。

最基本的，我們來了解使用率最高的化妝品有多少問題。說穿了，化妝品和含有 4 千多種有害物質的廢棄物一樣，當中含有很多有毒的化學物質；雖然很多化妝品公司有從植物中萃取原料，且強調不含化學成分的無害化妝品，但不論化學成分的量有多少，在加工過程都必須混入化學溶劑和重金屬。假使，化妝品不添加化學成分或重金屬，就很難附著於

皮膚上，也會沒有效果。

　　毒素是對人體健康非常不利的物質，會導致各種疾病。或許很多人不相信，我們從頭到腳的疾病和毒素都有關聯，包括：慢性疲勞、皮膚病、眼科疾病、肌肉酸痛、過敏、失眠、憂鬱症、糖尿病、高血壓、癌症……等疾病，這些問題都離不開毒素的「恩賜」。

體內產生的毒素

　　其中，從體外侵入的毒素，是通過空氣、水、食物、房子或車內空調等途徑傳播到體內，而體內產生的毒素，則是新陳代謝過程有障礙形成，例如：呼吸是生命活動中不可或缺的代謝過程，可是呼吸又像雙刃劍，提供各種病菌生存的環境，來產生各項疾病；然而，呼吸系統在通過吸入的氧氣在細胞內的線粒體中產生能量，有了這些能量，人體才能維持正常活動。雖然線粒體具有「人體發電廠」的作用，而在產生能量的過程中，有 1% ～ 5% 左右的氧氣會變成加速人體老化，並導致各類疾病產生的主犯人，這些歹徒被稱為「活性氧氣」；另有一些醫學界的人，把活性氧氣歸在「自由基區塊」。

　　另外，人體內部的細菌、酵母、寄生蟲也會產生毒素；不僅如此，精神壓力和消沈的情緒也會導致體內毒素增加。毒素大約可分七種：

一、防腐劑、調味料、便利店大賣場各種食品添加物所產生的毒素。

二、流行性感冒病毒以及各種細菌、病毒、寄生蟲所產生的毒素。

三、類固醇、化學藥品、抗生素，以及抗癌治療後所產生的毒素。

四、農藥（汞毒素）、外用藥品、有害重金屬所產生的毒素。

五、炮彈和炸藥，武器試爆後所遺留的毒素。

六、放射線治療、輻射和放射能所生的毒素。

七、各式違禁品、海洛英、安非他命、搖頭丸……等。

　　一般情況下，這些毒素容易產生各種症狀和疾病。毒素會造成減弱心臟功能、加重心理負擔，導致皮膚粗糙、產生皺紋、過敏等皮膚問題，而且毒素還會刺激肺部、阻礙呼吸、導致慢性疲勞和頭痛、影響精神健康、關節僵硬、誘發疼痛、致使肌肉疲勞酸痛、加速老化。

　　如果毒素不分解，長期滯留在體內，就會導致各種疾病，而各種症狀和疾病也是千奇百怪。倘若毒素沉積在肝臟，就會導致脂肪肝、肝癌和各種肝臟疾病；假使積存在血液內，就會導致腦中風、心血管疾病；如果毒素沉積在皮膚層，就會產生過敏及各種皮膚病。所以，因毒素引起的免疫疾病有消化不良、頭痛、感冒、口臭、過敏、集中力下降、青春痘、肥胖、高血壓、腎結石……等。

　　在生活中，你是否聽過鄰居或家人、親朋好友經常說：「這次感冒好像很難好，吃藥都沒效。」、「以前吃一顆藥就有效，現在根本沒什麼效果。」甚至懷疑是不是藥廠偷工減料。過去，人如果感冒吃一點藥、喝些開水、流流汗，就能把病毒驅散，病就好了，可是現在這疾病越來越難應付，主要是因現代人的免疫力比以前的人差很多，而且各類型病毒越來越強，突變種也增多。科學界的臨床上一致認為，毒素就是降低人體免疫力、提高病毒存活之元兇。

體內毒素引起的各種症狀

一、毒素引起的肝臟疾病

　　人體內肝臟是最大的解毒工廠，肝臟可以排解從外部入侵

的各種毒素和人體所產生的毒素，因此，倘若肝臟內沉積大量毒素就會影響肝臟的功能，同時誘發各種疾病危害身體健康。與肝臟毒素相關疾病有：脂肪肝、Ａ型肝炎、Ｂ型肝炎、Ｃ型肝炎、肝癌、黃疸病、消化不良、血液循環不良、慢性疲勞、皮膚疾病、中風、糖尿病、性功能障礙和眼睛症狀等。

二、毒素引起的血液疾病

正如積水會發臭的道理，血液循環不良，血液變得污穢混濁致使毒素堆積，血液內的毒素堆積引起血液循環障礙，就會變得百病叢生；醫學上說：排毒療法就是欲通過清血的方法治療疾病。血液中毒素所引起的疾病有：腦梗塞、神經衰弱、老年癡呆症、瘀血性腦部疾病、急性腦膜炎、慢性腦膜炎、腎衰竭、尿毒症、心律不整、靜脈曲張、心肌梗塞、心肌炎、心絞痛、哮喘、支氣管炎、肺炎、皮膚潰瘍……等。

三、毒素引起的皮膚疾病

皮膚不僅可以保護人體免受外部刺激的傷害，而且具有呼吸、散熱、出汗、排除代謝物的功能。如果皮膚內的毒素阻

塞皮膚汗孔，就會出現青春痘、黑斑、過敏、皮膚老化⋯⋯
等問題。

四、毒素引起的子宮疾病

如果子宮冰冷，血液循環不順而產生毒素，就會導致經
痛、月經失調、產後後遺症、產後風溼症、更年期障礙和子
宮內膜異位⋯⋯等疾病。

五、毒素引起的前列腺疾病

男性泌尿生殖器障礙都是由前列腺異常而引起，對男性來
說，前列腺是重要器官，血液循環不良會導致前列腺疾病，
而罪魁禍首就是毒素。如果毒素造成前列腺功能異常，就會
出現前列腺肥大症、膀胱炎、尿道炎、陽痿和性功能減退等
男性疾病。為了健康，必須培養「預防毒素」和「排除毒素」
的良好生活習慣。據科學一項新臨床證實，男性前列腺問題
跟累積宿便有直接關係，因宿便太多，腸道重量太重，使腸
道下沉擠壓男性的下腹部的原因亦是。

六、宿便毒素引起的大腸疾病

大腸負責排出體內已被消化的食物，具有下水道般的功能，一旦下水道阻塞就會繁殖細菌，產生惡臭；同樣道理，如果無法正常排便，體內就會產生宿便，變成適合細菌繁殖的場所，導致有害的毒素大量增加。其實根據臨床上實驗證明，即使每天排便正常的人，同樣有卡在腸道的宿便。前文提到，大腸癌已經躍升至第一位，即是因宿便太多、毒素太多所造成，國人不得不防，所謂「病從口入」就是這個道理。

大腸內宿便毒素容易引起的疾病有：慢性便秘、宿便、小腹腫脹、過敏性腸炎、腹瀉、慢性疲勞、神經質、失眠症、成人肥胖症、青少年肥胖症、頭痛、偏頭痛、緊張性頭痛、口臭、皮膚疾病、荷爾蒙分泌失調、高血壓、動脈硬化、脂肪肝、關節炎、糖尿病、自律神經失調……等。

或許很多人不了解宿便的可怕，都認為只要有上廁所就好。但是，上廁所「嗯便便」的次數是多少？1天1次或1天2～3次？還是幾天才上1次？別小看宿便，「它」的有害物質約有20幾種，其中包括：硫化氫、氨氣、沼氣、二氧化碳等有害氣體和苯類、肉毒桿菌毒素、甲酚、丁酸，以及

一些對人體有害的重金屬鹽類。如果，再加上 2～3 天沒排便，這些宿便在高達 37℃ 的腸道停留，您可知道會產生多少種毒素？據研究專家的報告：至少產生約 300 種以上的致病甚至致命毒素，像是產生惡臭的胺、硫化氫糞臭素、二次膽汁酸、黏結物、腐爛物⋯⋯等各種細菌和致癌物。

排便也有禪學

記得有一次在素食餐館吃飯，無意中在餐館書架上看到一本道證法師的結緣書，裡面有一篇很有哲理的文章，標題是「修行如解便，失去大便，得到輕鬆」。內容大概是——有一天道證法師對他一位朋友說：「您認為大便是得到？還是失去呢？」他的朋友聽了哈哈大笑說：「我活了 40 年，解了 40 年大便，還沒有想過這個問題。」後來，道證法師的朋友想了一下，說：「應該說是失去，也是得到。」道證法師又問：「您是失去什麼？得到什麼？」法師的朋友回答說：「很簡單嘛！就是失去了臭臭的便便，得到輕鬆和舒暢。」法師又問朋友：「便便算不算是你的？算不算是你所有？」法師的朋友笑而不語。法師就說：「如果不是你的大便，它又曾

經裝在你的肚子裡，是由你的腸子加工製造出來的；如果是你的，又不能一直停留在肚子裡，也沒有人願意一直保留它，非把它解掉不可。」

想想看大便是怎麼來的？是每個人辛苦工作奔波賺錢買東西來、又很辛苦地煮來吃，吃了好不容易才消化出來的「成果」；可是，「成果」又不能保留它，非把它解掉、排掉不可，倘若不解掉放在肚子裡還是很脹、很痛苦，要解掉才會舒服；就是說便便沒解掉的話，疾病、毒素將危害健康影響生活和情緒。所以，每天都要注意自己的排便，才不會產生困擾。

誠如道證法師所說：「修行好像解便便一樣，把心中的煩惱、垃圾、罣礙都解掉、都放下，就得到一分輕鬆、舒暢。」我們肚子裡的便便假如不解掉，靠什麼藥物都不會舒服，況且，宿便的毒素已經被證實是各種癌症啟動的主要因素之一。

健康備忘錄──哪些人特別需要排宿便毒素？

一、不明的酸痛、脾氣暴躁、精神緊張、失眠、焦慮。

二、臉色暗淡無光澤、面容憔悴、瘡、色斑、新陳代謝異常（太胖或太瘦）。

三、全身出現皮膚病，如：乾燥、灰黃、紅腫、癬、過敏……等。

四、便祕、腹瀉、痔瘡、消化不良、結腸炎。

五、高血壓、高血脂、心臟病、糖尿病、痛風、風濕、寄生蟲汙染、肛門瘙癢、經期不順……等因代謝障礙引起的疾病。

六、臉上青春痘不斷滋生，即體內毒素不斷產生。

七、諸多雜症，如：頭暈、口臭、狐臭、體臭、頻尿、漏尿、經痛……等，均是體內毒素所造成。

重視健康具保健養生概念的人，必定相當注重宿便毒素的排出。

中醫學有句名言：「聖人不治已病、治未病。」這句話的意思是，高明的醫生不治已患病的人，只治療未患病的人。正如古代名醫扁鵲的故事——

魏文王問扁鵲曰：「子昆弟三人，其孰最善為醫？」

扁鵲曰：「長兄最善，中兄次之，扁鵲最為下」。

魏文王曰：「可得聞邪？」

扁鵲曰：「長兄于病，視神未有形而除之，故名不出于家；中兄治病，其在毫毛，故名不出於閭；若扁 者，把血脈，投毒藥，副肌膚，閑而名出，聞于諸侯。」

魏文王曰：「善。」

這段話的意思是——

魏文王問名醫扁鵲說:「你們家三個兄弟都精通醫術,到底哪一位最好呢?」

扁鵲回答說:「我大哥最好,其次是我二哥,我最差」。

魏文王再問:「那為什麼你最出名呢?」

扁鵲再答說:「我大哥治病是治病於病情發作之前,由於一般人不知道他事先能剷除病因,所以他的名氣無法傳出去,只有我們的家人才知道。我二哥治病,是治病於病情初起之時,一般人以為他只能治輕微小病,所以他的名氣只及於本鄉里。而我扁鵲治病,是治病於病情嚴重之時,一般人都看到我在經脈上穿針管來放血、在皮膚上敷藥等大手術,所以以為我的醫術最高明,名氣因此響遍全國。」

文王說:「你說得好極了。」

這個故事正說明了一個道理:事後控制不如事中控制,事中控制不如事前預防;預防勝於治療的觀念,每個人都應該謹記於心。事先清除可能導致萬病之源的毒素是必須的,預防疾病才是最佳的治療方法。總之,為了自己的健康清除宿便毒素、使腸道健康,是極其重要一環。

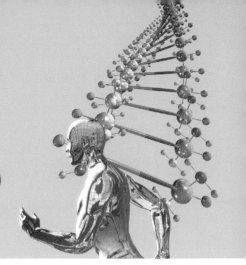

第三章
心靈放大鏡（養心篇）

　　已故星雲大師曾說：鏡子，一般是拿來照面相用的，不管胖瘦美醜，在鏡子裡都能如實顯現出自己的容顏。但是在佛門裡，還有一種「照心」的鏡子，心靈裡各種煩惱、善惡、好壞在照心的鏡子之前都能顯露無遺。其實，不管是照面或照心的鏡子，最重要的是我們要善用鏡子來照自己或他人，甚至關照社會人生，成為自我學習、自我警惕的一面人生心靈鏡子，那何謂人生心靈的鏡子？

一、用放大鏡看別人的優點：

　　視力模糊看不清影像，可以用放大鏡來看，字體太小也可以用放大鏡來看；最主要的是，我們對於別人的優點，也應該用放大鏡來觀看，可惜人都喜歡看到人的缺點，不喜歡看人的優點。除了自謙自愛的人，一般人往往忌妒別人的優點。

假如我們能把別人的優點用放大鏡來看，如此所有親朋好友，諸相識者，在你的放大鏡下看來都是美好、善良的人，則人生還有什麼不能稱心如意的呢？

二、用顯微鏡看自己的缺點：

人都懂得用鏡子來看自己儀容，卻很少用鏡子來看自己的缺點，甚至一般人都喜歡為自己護短，不容易看到自己的問題。假如你能用顯微鏡把自己的缺點看清楚，諸如自私、執著、瞋恨、忌妒，甚至喜歡醜化別人、美化自己、抬高自己、小看別人，對自己的缺點假如不用顯微鏡透視清楚，不知道自己的自私、執著又能怎麼改進自己呢？

三、用透視鏡看內在的慾望：

我們看人的外表，看不到人的內臟，不過醫學上有透視鏡可以觀察腸胃、有 X 光能透視內在的器官。如果我們能增強透視鏡的功能，不只透視器官，還能透視自己的慾望。慾望是人生最大的痛苦來源，自己所愛就會起執取之慾望；不愛就心生瞋恨，總想去之而後快。所謂「愛之欲其生；惡之欲

其死」，所以只有以透視鏡將慾望減少，甚至加以去除，真、善、美的慾望就會增加，人生自能增加安樂。

四、用廣角鏡看社會的美好：

有些人看社會只看到某些黑暗面，他就「以偏概全」地認定社會到處是陷阱，到處充滿危險，則充滿失望。其實社會也有可愛、善良的一面，如果我們能用廣角鏡看出這個善與惡、好與壞各半的社會，然後凡事都往好處想，則能看到美好的喜悅，這就是廣角鏡的功能了。

五、用望遠鏡看未來的願景：

有的人天生近視眼，長大後配戴眼鏡就能看書，甚至對遠處的事物，透過望遠鏡即能看得清清楚楚，但是一般人對於人生遠大的前途、未來，很少看得到，假如能用望遠鏡，不但能看到現在、更可看到未來，即所謂：「有遠大的眼光。」只是我們自問：自己有遠大的眼光嗎？如果沒有，就用望遠鏡來幫忙囉！

六、用凹凸鏡看人生的起伏：

　　人的一生，貧富貴賤、窮通得失，都難以預料。人生為什麼榮華富貴？為什麼窮困潦倒？為什麼健康無恙？為什麼病體纏身？必然「其來有自」，只是一般人不易看清。如果能戴上凹凸鏡原理製成的眼鏡，相信就能看清事物的原貌；同樣要看出人生起伏因緣，也要凹凸鏡來幫忙，則能洞然了解人生起伏的因由了。那麼，還有什麼不能克服、改善的呢？

聖經的心靈格言

　　對於基督教的朋友，我也想問問有沒有人不想健康？不希望自己能長命百歲？我想應該不會有人說：「我想死、我想短命！」或不健康這樣咒詛吧！

　　聖經說：「有人喜好存活、愛慕長壽、得享美福。」其實，這句話就已指出人對生命的企圖心，要存活，不僅要活還要長壽；不僅要長壽，還要富貴。從人們送金鎖片給剛出生的寶寶就可明白，上面寫的全是「吉祥如意」、「長命百歲」、「富貴人生」這些詞句，即想當然爾。

　　只是，長壽如果是滿身病痛、心靈憂鬱、生活潦倒、家庭

糾紛，你還會希望長壽嗎？或者會像約拿一樣對上帝說：「耶和華啊，現在求你取我的性命吧！因為我死了比活著還好。」所以，請謹記！我們為著自己和家人在向上帝求長壽時，不要只求歲數，還要對上帝說：「主啊！祈願您祝福我們長壽時不要滿身病痛、不要心靈憂傷、不要生活潦倒。阿門！」。因此，上帝給了大家一個應許，不論任何人，他若真的愛好生命、想要長壽，並且可以享受美好的福氣，他是可以得到的。不過有一個要求，就是要「禁止舌頭不出惡言、嘴唇不說詭詐的話，要離惡行善、尋求和睦、一心追趕」。

　　可能有人心裡會想：「嗯！我知道這是得長壽的祕訣，但我們要如何做到呢？」人如何能夠舌頭不出惡言、嘴唇不說詭詐的話，可以離惡行善，追求和睦呢？首先，需要強健的身、心、靈，因為這三方面只要有一個出了問題，其餘的也將會受到波及。因此，我們每個人都需要一個身、心、靈的健康思維；如此，對於社會，我們若能順服而行善，使社會制度美好；對於人際關係，我們若能順服而受苦忍耐，以基督為榜樣；對於夫妻關係，我們能順服而彼此敬重，以求家庭和諧……，這些都何等重要。

基督教身、心、靈的健康祕訣

一、不抱怨、不說惡言及要說祝福的話，首先我們要活在愛裡面。

二、舌頭若不出惡言、詭詐的話，我們就要在耶穌的愛裡處理我們的情緒。

三、讓別人的生命美麗（熱心行善）追求和睦（尋求團體最大的幸福為前提）。

四、尊基督為聖。

總之，基督徒身、心、靈的健康祕訣為：一、要活在愛裡面；二、在耶穌的愛裡處理我們的情緒；三、讓別人的生命美麗、追求和睦，就可以使身、心、靈強健；四、尊基督為聖、好好守著自己的安息日。如此，心理之毒亦可排除。

基督教亦是心靈導引領航者，也特別重視心靈健康。如：

一、凡做惡的，便恨光。

二、疑惑的人，就像海中的波浪，被風吹動翻騰。

三、無知的人，把房子蓋在沙土上。

四、在善事上聰明，在惡事上愚拙。

五、行善不可喪志。

六、不可為言詞爭辯，這是沒有益處的。

七、不要以強暴待人，也不要訛詐人。

八、入口不能汙穢人，出口的乃能汙穢人。

九、外面披著羊皮，裡面卻是殘暴的狼。

十、沒有好樹結壞果子，也沒有壞樹結好果子。

請用心看這段耳熟能詳的詩詞：

愛是恆久忍耐，又有恩慈，愛是不忌妒，

愛是不自誇不張狂，不做害羞的事，

不求自己的益處，不輕易發怒，

不計算人家的惡，不喜歡不義，只喜歡真理；

凡事包容，凡事相信，凡是盼望；

凡事忍耐，凡事要忍耐，愛是永不止息。

以上幾句聖經詩集，相信大家能深刻體會心靈健康勝於一切。千萬別懷著「善小不為、惡小為之」的心態。切記！「正義或許會遲到，但祂一定會到」；別心存僥倖心，「舉頭三尺有神明」。

所以，把心放寬、把心放大，讓優美旋律伴隨一顆真誠的

163

心飛翔在居住的彼岸，誰說距離不能牽手？誰說彼岸不可攀？請用心靈交流，一種純淨沒有混濁的真誠，才能襯托出最美的呼喚，善良與真誠，莫不是最棒的心靈排毒。

心靈放大鏡（人性篇一）

世界上任何事物都可以發出聲音，而聲音又分兩種：一種是令人煩躁，另一種是令人心情愉悅的聲音，各有各的特點，不同的聲音給人的感受不同，而我喜歡傾聽大自然的聲音。

大自然的樹木彷彿是在嘆息，因為我們人類在砍伐，它們似乎在哭泣人們恩將仇報；如：鳥兒在樹上嘰嘰喳喳地說著人類破壞它們樹木上的窩巢，讓它們無家可歸。

溪水邊聽到刺耳的聲音，原來是瓶瓶罐罐撞到溪中石頭的聲音，那髒亂不正是人類造成的嗎？多少人戶外野餐垃圾隨手丟進小溪；工廠裡的化學汙水往河流小溪亂倒，破壞大自然的珍貴。

大自然中的事物數也數不清，只是人類為何要傷害它們，不能好好的去傾聽大自然的聲音嗎？如果可以仔細聆聽，它會讓人產生舒心遐想。不論是「春雨、夏艷、秋楓、冬雪」，

其千變萬化、神祕莫測，試想哪一種聲音豈不是上天的鬼斧神工？哪一個不是音樂家能與睥睨的？我喜歡它看不到卻聽得到的聲音，頗有一番情趣。

人性往往忽略大自然的美，不僅破壞地球，更破壞了臭氧層，筆者讀書時好喜歡淋雨，聽那「篤篤」的雨聲，如今，不能隨著雨中旋律飛舞，因為雨已變質了（酸雨）。縱使雨後有彩虹仙子現身，依然覺得蒙上一層濛濛茫茫的薄紗（空汙），為何看不見上天賦予我們最完美的禮讚呢？這其實就貪婪的人性，帶給人類的悲哀。

如今，只能聽葉落的聲音，輕輕地嘶颯，像似蝴蝶緩緩飛落，嬋翼般的身軀靜蓋大地，倒也震動了大地上塵封的領土被輕輕揚起。猶記一句詞：「落紅不是無情物，化作春泥更護花。」葉落的聲音，代表著新枝新葉將再重生。有人性的人類請勿再砍伐大自然的樹木了，好嗎？

從小我除了喜歡聽大自然的聲音，更喜歡看大自然的景色，與大自然為伍，可惜的是「人心不足蛇吞象」，大自然被破壞了、風髒了、雨酸了、樹砍了、鳥哭了、小溪汙了、彩虹濛了、地球病了、臭氧層破了。誰？是誰造成的！莫不

是人類為一己之私的人類？我一直覺得好心疼，貪婪的人性，何時還給我們最美好、最珍貴的大自然呢？

心靈放大鏡（人性篇二）

您聽「大自然正在求救」：隨著人口爆炸的增長，工業革命後帶來開發，太多原始棲地成了人類開墾砍伐的目標，破壞了生態，導致物種滅絕；在北極，因地球暖化，二氧化碳濃度不斷增加，極地冰帽的面積已少了 50 年前的一大半，使北極熊迫不得已只能遷徙，因已沒有立足之地。

此外，融化的冰水讓全球各地海平面上升，很多島嶼已經面臨淹沒的危機。水汙染的嚴重，魚類經常暴斃在海面，景象十分的怵目驚心；在孟加拉的運河汙染相當嚴重，當地一間皮革廠每天都倒入達 2 萬立方公升的汙染源，對地球的健康造成嚴重威脅，太多太多破壞土壤、水源、空氣的事件。地球生病了、臭氧層也受傷了！誰注意到？誰能幫上忙呢？「解鈴還須繫鈴人」，只有人類才能挽回健康的地球、清新的空氣、湛藍的天空、鮮豔的彩虹。

我再強調一次「我愛大自然」，因為它給我自然的輕鬆，

　　沒有城市的矯揉造作，「天然去雕飾」的一切給人感覺才是脫俗的自然樣貌。唯有在自然裡，我們才能完全敞開胸懷，還一個真給我們。物慾橫流的當今社會真的需要一股自然風，拂去人們心靈上積澱的塵灰，才有機會在大自然享受一頓心靈饗宴。

　　我挺喜歡看動物的眼睛，因為世俗太多汙濁的雙眼，不小心就被陷害了，或許是城市喧囂才讓「無理變成真理」，人性因貪婪也迷失自己在自然中的角色。唯一真理……人類、大自然，否則地球將變得黯然失色。別讓自己缺少那分感悟自然的情懷和心境，不然即使站在高山上，黑心商人依然只會看到「金錢與權力」。

　　總之，大自然賦予人們豐富的資源，或許也會因人類私心行為而報復人類，如：印度洋大海嘯奪走數以萬計人的生命，這是「天理昭彰」，希望「人類要謙虛一些、慎重一些、節制一些」，這樣我們想傾聽大自然的聲音、感受大自然的偉大真諦才能成真。

　　託陳榮雨科學家暨其研究團隊將「植物幹細胞」成功分離培養，可以不用再破壞大自然的生態，或許有一天人性良知

也重新找回善良，說不定珍貴的大自然會回歸於天地之間，那才是人類最大的福氣。

心靈排毒（貪、瞋、癡）

人的生活中，總是活在怕有疾病的日常裡，殊不知心態不佳，將萬病叢生。談談「疾」字；「疾」中有「矢」，矢就是箭，四大不協調身體免疫系統勢必紊亂，病毒則趁虛而入，因「疾」都是外來的病毒（如：流行性感冒，各種突變而來的病毒），不是內在的問題。但「病」就是內在的，病是心的投影；病的原由則是「貪、瞋、癡」，「貪心」＝慾火、「瞋心」＝怒火、「癡心」＝無名火，如果讓「貪、瞋、癡」三火齊放，則等於同時引爆三種毒素。

如此，不生病是不可能地。說說「貪」字即「今」加個「貝」字，就是「錢」字。「病」從心中起，產生了負面的貪心妄想，慾火焚身正如上文說的「貪婪人性」，眼睛只看到錢、錢、錢，其他都看不到，雖然長輩常說「錢不是萬能，但沒錢萬萬不能」，是沒錯，只要不昧良心，當然賺該賺的錢是「天經地道」，只是千萬別因為錢而貪索不止，最重要的絕對不能因

為錢犯法，切記「萬般帶不走，唯有業隨身」。

　　所以，放開貪念，五臟六腑（五臟＝肝、心、脾、肺、腎；六腑＝膽、小腸、胃、大腸、膀胱、三焦。而三焦又名「決瀆之官」，為上焦、中焦、下焦）自然無毒一身輕，更會一身清。

心靈最佳排毒法（行善積德）

　　現實生活裡，每個人壓力都很大，要說一個人活著都沒有壓力那是不可能的也不現實。學學心靈排毒應該會讓每個人的生活緩解壓力，把不良的情緒像排除垃圾一樣排解掉，毒素就會減少。心靈排毒就如我們用手機一樣，用多了，時間長了，手機則會出來很多垃圾，如果不及時用手機清除軟體，則手機可能常常出現問題。

　　我們人體如果體內有毒素時，一般會利用飲食和作息來改善毒素問題。那麼心靈的毒素要如何排出？人的心智非常複雜，大腦的潛意識裡有規範制約我們，會讓我們對一些問題很忽視，等察覺時，心靈已經被毒素侵蝕許久了。如果我們沒有及時給心靈排毒，不久後，身體就會慢慢地產生各種不

舒服或疾病樣式表現出身體超負荷的狀態。所以，為了讓您身心健康，要及時給心靈排排毒、換換乾淨的身心，因此，筆者提出幾點心靈排毒法供大眾讀者做參考──

一、找出問題的根源：學會和內心的自己對話。找出是什麼讓你痛苦和壓力的根源，不讓心裡堆積抑鬱情緒，因為小的「內傷」不小心隨時會累積而變大傷，學習和自己內心說說話，找出問題在哪裡？有哪些問題？可以在睡前把心情寫下來、或是在臉書社群網站寫文抒發一下，也是好方法。

二、善用一些器材：愛運動的人可以藉助一些器材來宣洩情緒，愛安靜的人可以用興趣，如：聽音樂、看書、逛街和旅遊⋯⋯等來找出口。

三、肯定自己、原諒自己失敗的事：如果問題在於自己的失敗或缺失，那麼就勇於接受自己的一切，或許你就會發現那些所謂的問題，其實都不算什麼問題。

四、找一個可以放心傾訴的對象：只要把心裡的垃圾傾倒出來，相信會讓你變得非常輕鬆；只是傾訴的對象就非常重要，需要慎選。

五、放縱一下自己，但不是胡作非為喔！是做些讓自己心
　　動期待的有趣事，如：唱歌、跳舞、潛水、瑜珈⋯⋯
　　等，找到喜歡的興趣項目，轉移投入重心跳出困境，
　　從心看世界。

六、依靠宗教的正能量洗滌心靈污穢:不論你是什麼信仰，
　　佛道、基督、天主，當你心靈遭受污穢時，這些道場
　　或教堂肯定是心靈排毒的最好去處。

　　故此，為身體排毒的同時也必須得為自己心裡剔除負面有
害的毒素。值得一提再提的是「心靈排毒」，對於身體吸收
能量有顯著改善，對於虛弱的患者有莫大的助益。

　　由上文可知，現在生活環境處處充斥著壓力，人與人間的
關係也越來越淡漠，壓力堆在心裡，慢慢身體的問題就來了。
試想一下，很多時候、很多所謂的不滿根本與我們無關，可
是我們卻把它當成一回事的生大氣，真的會傷到自己。朋友
遇到難題我們可以安慰、開釋、幫忙，但絕對不能和他一起
掉入痛苦之中，這樣全都受傷了，在這情況下，不管你吃得
再好的營養食品也於事無補，甚至有可能會「食物中毒」喔！

　　剛提到心情低落時，不妨通過宗教來緩解情緒。一般正規

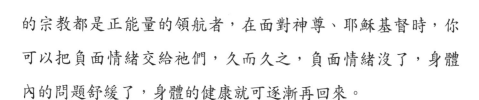

的宗教都是正能量的領航者，在面對神尊、耶穌基督時，你可以把負面情緒交給祂們，久而久之，負面情緒沒了，身體內的問題舒緩了，身體的健康就可逐漸再回來。

其實我們想做好一件事情，要的是一股熱忱來推動，而不是壓力，有了熱忱，就有使命感，不管做多久、多辛苦，還是會勇敢往前走，當得到好成果時，身心自然也會跟著健康，試試看喔！

行善積德→圓滿、健康、富裕

在身、心、靈的健康法則中有句名言：「行善積德大吉祥。」人出生天地間，上天冥冥中都有安排，長輩表示：每個人與生帶來了一本生命銀行的帳戶，是無形的儲存，但不是錢財，而是「功德」與「業力」就是「行善積德」。切記！生命銀行的利率只能存，千萬不要領，領了表示你做了虧心事，往後就沒功德了。怎麼做業力會高呢？簡言之，正如「文昌帝君」的陰騭文說：「行時時之方便；作種種之陰功。」、「利物利人、修繕修福、正直代天行化，慈祥為國民。」這就是勸人多積陰德、為善不揚名、獨處不做惡，這樣就會得

到暗中庇佑，賜予福祿壽。生命銀行的帳戶總在加乘中，為每個人註記，不論你是什麼宗教、什麼信仰，直到要回淨土或天堂時，自然會跟每個人回去「論功行賞」。再叮嚀一次，「行善不是執著、願無代善無施勞、盍各言爾志」，即所謂：「老吾老以及人之老，幼吾幼以及人之幼。」

心靈排毒（開懷篇）

我們常說：「笑一笑，十年少」，那麼微笑對身體來說是有不少好處，經常笑，除了能夠使人變得年輕外，還有什麼好處呢？

經常笑的好處

一、止痛與降壓作用：當人在笑的時候，大腦的神經細胞就會釋放出一種稱為 β - 內啡肽物質，它是一種沒有副作用的止痛劑，能夠緩解人體的疼痛，它是大腦中專門負責傳遞產生快感和止痛信息的激素；β - 內啡肽物質同時使身體內皮質組織等部分血管壁放鬆，達到修復血管，使血壓回降效果。

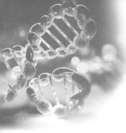

二、促進肺部功能：因為我們發笑的時候，鼻、口張開、肺部擴張、肺活量增加、吸入大量氧氣帶出二氧化碳，所以，大笑除了令呼吸系統更順暢外，還可以促進肺部功能。

三、促進消化：笑也是一種有效的消化劑。當愉快的大笑時，肩膀會聳動、胸腔搖擺、橫膈膜震盪使得內臟得到按摩，良好的情緒發洩可增加消化液的分泌，喜悅的笑聲能促進消化道的活動，從而增進食慾，有助於食物的消化和吸收，增強腸胃功能。

四、減肥：科研人員指出大笑時，身體會有 80 組肌肉抽動，大笑 1 分鐘等於做運動 45 分鐘。也就是人體在大笑的狀態下比嚴肅狀態下多消耗了 20% 的熱量，所以，如果每天開心微笑 10 ～ 15 分鐘，等於可以消耗 50 千卡的熱量，一年即可減肥 2 公斤，更重要的，還可以促進平時很少運動的腹部肌肉喔！

五、紓解壓力：大笑是最好的放鬆法，無論真笑、假笑都對身心有益。真笑時，大腦的愉快中樞會興奮，在面對壓力與負面情緒時，努力假笑，也會刺激大腦中樞

愉快感覺有關的相關區域。

笑能治病

　　既然經常笑對人體有這麼多好處，那麼肯定有不少人會想了解，經常笑能夠治病嗎？當然可以，我們看看笑能治哪些病？

　　一、心血管疾病：大笑能使血管舒張，從而增加內臟血流的供應，美國大笑協會的心理學家說：「這種效果與有氧運動類似，不僅有助於預防心臟病發作，對於大多數心臟病人的康復也十分有效益。」

　　二、糖尿病患者：得了糖尿病愁眉不展，小心會錯過康復的良機。通過多項科學研究，科學家發現糖尿病患者飯後實在應該笑一笑，因為發笑帶來的肌肉運動和神經內分泌水平的改變，能防止血糖水平升高。

　　三、體質差的人：令人驚訝的是在綻放笑容之前，人們對歡笑的期待也會收到奇蹟般效果。喜劇開幕前，研究人員抽取了觀眾的血樣，結果發現其內啡肽的含量已經增加了27%，生長激素的含量增加了87%。內啡

肽有助於免疫系統的調節功能，生長激素對肌肉、骨骼和內臟有益，這種健身效果可以算得上是「得來全不費工夫」。

四、癌症腫瘤患者：正常人體內每天都會產生一定數日的癌細胞，所幸我們體內的「免疫族群」、「免疫分子」和「自然殺手細胞」，都是癌症腫瘤細胞的天敵，這些免疫殺手細胞能夠摧毀腫瘤細胞。研究表明，由衷的笑至少能讓 14 個基因得到更好的表達，從而調節免疫機制及自然殺手細胞的活性。因此，對癌症患者來說「笑」確實是既不花錢又很安全的良藥；當然，它對普通人預防癌症「笑」也是有大大的好處。

或許可能有人會問：「笑」太多會不會有危害？當然，儘管笑容對身體和心理健康都有好處，然而笑也分很多種，有外出與合作夥伴見面時帶著有禮貌的微笑；有與家人、朋友聊天時暢快的談笑；有看漫畫或電視節目的爆笑，更有各種聚會的大笑；但只要是笑，能夠讓人產生愉悅心情都好，只是，如果笑得太激動時，特別小心別岔氣即可。

其實，「笑」對人體沒有太大的危害，但如果經常控制不

住地大笑，那就要注意身體是否出現問題？

　　結論：我們都知道，美麗的笑容是最受歡迎的，人們希望自己能夠每天開心，每天都有快樂的笑容，上文中也講述了經常笑的好處，那麼只要您是發自內心的開心的笑，就肯定會越笑越健康，越笑越年輕，那還等什麼呢！讓我們大家一起開心的大笑吧！

談身體自然排毒法

　　又稱「自然療法」，目的在恢復病人體質的平衡，其實沒有病症的人也須排體內的毒素（宿便、化學副作用）。早期我常說：「體內無毒一身清。」就是需要清潔體質和腸道，這是一個基礎。一般人都知道人的自身很容易殘存各種毒素，包括重金屬，我們都以為毒素只來源於外部，比如：菸草、酒精或被汙染的產品，實際上毒素是身體細胞功能及消化產生的垃圾，所以，身體很自然地會產生毒素。

　　該如何排毒？身體裡有 5 個排毒器官，最理想的狀態是同時打開 5 個器官一起排毒——

　　一、肝臟：人體最大的排毒器官，肝臟會接收很多血液，

已使用的脫氧血液常規流向肝臟的血液再送回心臟之前，可使血液再循環、變純淨，所以肝臟是真正的有毒物質過濾器。

二、腎臟：它也有排毒的功效、也能清潔血液中的毒素，腎臟每天可過濾 15,000cc 血液，最後形成 1,000cc 的尿液；尿液是從腎臟排出的毒素，然而腎是屬於選擇性過濾器，它會保留水、葡萄糖、胺基酸、微量元素、礦物質，排出毒素、重金屬、藥物、二氧化物、毒品……等。

三、腸道：是非常重要排毒器官，大腸可以通過糞便排出很多毒素，亦是重建體質的排毒器官。

四、肺與呼吸系統：肺部可以排出揮發性酸的氣體毒素，一般人沒有意識到人有很多的氣體毒素，肺和呼吸系統可以通過黏液排毒，比如擤鼻涕也是在排毒。

五、皮膚：是身體自發選擇的排毒器官，但這非是最理想的（因很多人不流汗），因為人會得皮膚病、過敏，是從皮膚表現出來；正常來說，如果毒素從皮膚排出，即表示「肝、腸、腎、肺」的排毒功能也有問題了。

　　以上為身體的五個排毒器官。為了配合排毒器官的運作良好，可搭配「清、調、補」的方式。人蔘皂苷就是清道夫及調理機能、補充能量的元素，不妨搭配使用。

世界衛生組織（WHO）對不良方式病的宣言

　　世界衛生組織宣言：與不良生活方式有關的疾病，已經成為全球公共健康的主要威脅之一，世界各國應提高重視程度。根據世界衛生組織（WHO）發佈的慢性病預防和管理報告，抽菸、濫用酒精、涉入過多脂肪、鹽分和糖分的不良生活習慣引發的一系列疾病，已經成為全球主要的致死原因。

　　公告宣言主要是說：「這類不良生活方式的疾病，比任何人類已知的傳染病構成更大公共健康威脅。」世界衛生組織（WHO）的統計數字顯示，2012 年全球共有 3,800 萬人死於心血管疾病、糖尿病、肺部疾病和一部分癌症等非傳染性疾病，當中有 1,600 萬去世的人不滿 70 歲；其中，包括 30 多歲至 40 多歲去世的人。

　　依據世界衛生組織（WHO）數據，全球每年早逝的案例中，大約 600 萬人死於和菸草使用有關的疾病，有 330 萬人

死於濫用酒精引發的疾病，有 320 萬人死因是缺乏身體鍛鍊，170 萬人的死亡原因卻是攝入過多鹽分有關。

另外，有一極為令人恐懼的數據是「全球有 4,200 萬名 5 歲以下兒童存在肥胖的情況，有 84% 青少年嚴重缺乏鍛鍊」。

世界衛生組織（WHO）特別報告：如果全球每年投入 112 億美元用於提倡健康生活習慣，那麼非傳染性疾病所引發的死亡案例有望大幅減少。世界衛生組織（WHO）表示：禁止菸草和酒類廣告是有其必要性，有少數國家已經行使此措施，有相當的成效。但大部分國家仍然是行之有礙，至 2021 年全球心血管疾病的患者仍有 1,790 萬人，肺部疾病死亡 1,500 萬人，肝病患者 3.5 億人，死亡 100 多萬人，這種數據的確嚇人。

世界衛生組織（WHO）強調，當人們在黃金年齡染病並死去，這樣國家生產力會受到影響。治療疾病所需費用可能是毀滅性的，據估計，如果各國不加大投入「非傳染性疾病」，那麼所引起的早逝，在今後 10 年可能使全球經濟損失 7 萬億美元。

防病從健康的生活方式做起

世界衛生組織（WHO）估計，在發達國家中約有 70%～

80%，發展中國家約40%～50%，他們的死因是「生活方式病」造成的。所謂的生活方式病，是指人們在長期生活行進中受一定社會、文化、民族、經濟、風俗，特別是家庭等因素的影響，從而形成一系列生活習慣、生活制度及生活意識。例如：現代快節奏的工作和生活高度緊張的市場競爭、體力活動減少、日常生活習慣改變、城市擁擠和吵雜噪音，以及一昧追求高營養的食物享受……等，都會影響人們心理和身體健康。

世界衛生組織報導，有十種人最容易損壞健康，如：

一、嗜烟如命的人。

二、心胸極度狹窄、焦慮、動不動就大發脾氣的人。

三、生活無規律，經常暴飲暴食和偏食、挑食，不注重合理膳食、均衡營養的人。

四、經常酗酒的人。

五、有一點小毛病就吃藥、打針不計其數的人。

六、生了疾病硬撐著、不診治、聽之任之的人。

七、性生活無節制，縱慾過度和性慾淫亂的人。

八、成天精神不振、抑鬱消沈、對任何事情不感興趣的人。

九、一個朋友也沒有、不跟人打招呼、孤獨寂寞的人。

十、從來不參加任何體育活動和聯誼活動的人。

以上這10種最容易損傷健康的現象，實質上就是一個生活方式病和性格心理修養的問題。由於這種不良的生活方式和習慣可以造成人體心理、生理的失衡、損傷身心健康、引發動脈硬化、高血壓、冠心病、腦血管疾病、糖尿病和癌腫瘤等嚴重病症。世界衛生組織的專家告誡人們：「生活方式病」已經成為世界頭號殺手。

所以，健康靠的不是得病時求醫問藥，而是取決於平時點點滴滴的生活習慣、健康良好的生活，習慣將最終決定你的生命質量。

因此，老年人預防各種疾病，應從健康的生活方式做起，是通往健康長壽光明之路。首先，要規律生活、起居有常、合理膳食、均衡營養、切記暴飲暴食和挑食偏食，要做到不吸菸、不飲酒，世界衛生組織（WHO）近年還特別宣佈，熱度超過65℃為致癌物，中國有句老話：「趁熱喝吧！」是不對的。建議喝湯、喝茶、喝咖啡，要稍微放涼一下喔！

其次，合理的安排退休後的生活和休閒娛樂、積極參加有

益的社交和娛樂活動，正確對待生活中一些不如意的事情，保持樂觀、愉快大度的心理狀態，克服緊張、焦慮、清除抑鬱消極的精神、情緒，緊接著要堅持參加適宜的養生運動鍛鍊。總之，只有建立起自己健康的生活方式，才能把各種疾病拒之門外，才能獲得健康迎來長壽，把握青春，展現靚麗。

別讓偽報導害了您

　　市面上似乎什麼都缺，但就是不缺偽報導，尤其在經過大眾媒體大力宣傳後「真的會變假的、假的會變真的」。例如：一則「用豬油做菜飯，會升高膽固醇、會中風、會有心血管問題」，然後豬油被全民拋棄；一則「味精會致癌」，並未經查證檢驗即被打壓。請問誰知道真相是什麼呢？其實都是黑心商人赤裸裸的陰謀，我們都被騙得很慘，讓我們談談近幾十年裡那些黑心商人都做了什麼缺德的事；在日常生活中，有很多好東西被我們暨無知又無情的拋棄，卻把不好的東西視為珍寶。舉例：豬油。早期所有家庭幾乎都吃豬油，而且有很長歷史，但你有多久沒吃過豬油了？筆者小時候也常常吃豬油拌飯，那鮮美味道真難忘，而今卻被黑心商人請所謂

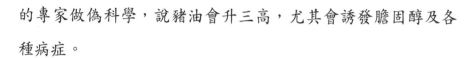

的專家做偽科學，說豬油會升三高，尤其會誘發膽固醇及各種病症。

我想告訴大家這就是陰謀，想想 2、30 年來很多人已經不吃豬油，請問心血管及各種疾病的人怎麼越來越多呢？再往前的那個年代資訊不發達，我們能了解的信息少之又少，只有報紙和電視，資本的黑心商人就胡亂舉個數據散佈謠言，有人會求證嗎？老百姓不懂地只能相信，我們世世代代吃豬油也沒什麼文明病，我認識很多長輩活到現在 8、90 歲，還是食用豬油，身體都很硬朗。

看看現在市面上有多少種油？植物油、玉米油、調和油、還有轉基因和非轉基因油，搞得老百姓很傷腦筋都不知如何選擇才是正確的。總之，黑心商人想賣什麼就宣傳什麼，然後你如果信了就去買，再來呢？黑心商人就大把錢賺進口袋了。你知道嗎？豬油於 2015 年被世界衛生組織（WHO）證明了在 1,000 種食物中，它的營養價值排在第 8 位，只是未來想吃豬油飯，肯定要自己在家操作了。

說說味精，它的學名稱「谷氨酸」，原料只有小麥，沒有其他添加物，當年宣傳說味精用多會致癌，導致全民都在批

評圍攻味精，取而代之是雞精和各類代替品，名稱很好聽，很容易讓人們以為雞精是從雞肉裡提煉出來的，然而，非也、非也！雞精的配料第一個就是味精，再加上其他添加劑，尤其加入強力香精，聰明人試想是味精安全？還是所謂添加物很多的雞精安全呢？

　　而現在新的問題來了，在偽宣傳下，現在烹飪卻全改為以糖代替味精，只是糖吃太多會發生什麼事？糖的甜蜜滋味會讓許多人欲罷不能，但攝取過量的糖，也會造成身體健康極大危險。

　　許多人無糖不歡可能不自覺，若是甜食吃太多，恐怕會令人越來越想吃糖，只是糖在體內會產生類鴉片物質，吃多了讓人感覺像吃嗎啡般存有愉悅感，就像吃太多毒品般上癮，容易越吃越多，長期下來則會影響健康。那麼，究竟糖吃太多會發生何事？一、體重增加，變肥胖；二、影響認知功能，情緒逐漸變低落，容易長期處於高血糖的狀況，影響腦血管健康；三、皮膚易冒粉刺和痘痘；四、影響消化系統。所以，喜歡吃糖或烹飪改為用糖的您，還要小心使用別過量，否則當糖尿病及高血糖找上您時，您的身體健康已被殘害了。

所以，每日的攝取量一定要斟酌。

黑心商人並沒有因此就停止賺黑心錢。說一聲「白酒」是一級致癌物，嚇壞了多少喝白酒的人，中國人白酒喝了幾百年、幾千年，30 年之前得癌症的有多少人？ 30 年之後的今天得癌症的又有多少人？真的偽科學、偽宣傳會害死人。

讓我們環境越來越不好的，不是傳統東西反而都是科技的效果；讓我們身體越來越差的不是喝酒喝多了，而是添加物太多。想想以前的 SARS、後來的 H1N1、今日的新冠病毒，哪一個是天災？其實在在證實都是人禍。想想現代醫學也是一樣，醫院採購各種醫藥，告訴醫生有什麼藥然後也沒試過，就在處方簽開給病人不知道成分的藥，讓病人當白老鼠，受害的是百姓、受益的卻是黑心商人。有的時候我們應該想想還能不能活到「壽終正寢、自然往生」呢！

所以，聰明的讀者們，很多事大家都被黑心商人的偽科學、偽報導矇住眼睛、搗著耳朵，大家應該可以多用點心思及觀察力，即可洞悉真偽。為了自己和家人的健康，請打開「心眼」喔！

結後語（心靈分享一）

　　成長，是每個人必經的過程，可有多少人對自己的責任負責了？自己慢慢地長大，伴隨而來的是更大的學習壓力，更多人期盼的眼光，然後轉變到自己身上，這便是責任；責任越來越多，當挑起一個擔子就會出現另外一個，就要繼續追求完美地完成它，然看到別人讚許的眼光時，就會很有成就感，這可謂是心靈的價值觀。

　　總之，生命總會有盡頭。每一段人生的過程能留下對人有絲毫幫助就留下吧！就如有摯友問我：「為何要再如此努力的寫這本書呢？能賺多少錢？」我說：「就像剛剛說的『多人期盼的眼光將它轉嫁到自己身上便是責任』。」

　　「幹細胞」這條道路我走了 30 年，身為台灣第一位發表「幹細胞」的學者，我有必要也有義務讓國人明白何謂真正的幹細胞。國人不了解免疫系統的諸多疑問，我學了「生命醫學」，自然想盡一份心力，讓大家清楚免疫系統的問題。所以，我寫書讓大眾讀者在看閱書籍後，能更清楚自己身體有狀況時如何改善。

同樣的，今日在接觸真正「全球唯一分離、培養成功的植物幹細胞技術」時，筆者深深體會科學家的偉大貢獻，當我更了解以植物幹細胞技術淬取出稀有「人蔘皂苷」、「千年銀杏」、「千年紅豆杉之紫杉醇」對人類的巨大貢獻時，我毅然決然要用心撰寫人生的第 4 本書《跨世紀黑科技——神奇植物幹細胞》，就是想讓國人確實明白何謂真正神奇「植物幹細胞」？不能再讓偽科學蒙蔽大家的眼睛，這就當作每一段人生的精彩記憶及付出吧！

師父常說：「積攢福報和功德的方法很多，但最好的福報，就是『無相布施』。」我就以此而言之；如經文述：「無相布施就是不住於布施，即說做了好事，並不會為了求得好的果報才行善。」經典提到：「所謂布施者、必獲其義利；若為樂故施、後必得安樂。」

一、亦言：

如果貪得無厭、完全被「貪慾、瞋恚、愚痴心所蒙蔽，終將自食惡果。反之，以慈悲心濟助出家人安心辦道，不住相布施，反得無量無邊功德。切記，布施不能去求，是完全為

了別人的需要而行的布施，則稱「無相布施」。《金剛經》云：「不住色布施、不住聲香味觸法布施。」在我們日常生活之中，不管是講話、做事、吃飯、穿衣，只要心存慈悲，處處都可以幫助別人，造福大眾。

二、有相布施：

又稱「世間布施」，是指在做布施時，心希果報，執著人我的布施，換言之，就是希望有回報，例如：希望自己捐出去的錢或物資能獲得「等值交易」，此種布施能得到的福報是有限的，而且這個布施也只能讓布施者獲得有漏的人天福報。學佛的修行人都明白，不求「人間福報」為何呢？大家都想「離苦」，畢竟輪迴是苦的，「了生脫死」，才是學佛修行之人的最終道。

希望這本書能讓孝順、愛妻（夫）、愛子、愛家庭的您，有一個正能量的判斷，更能得到真正「植物幹細胞系列」的好產品，幫助家人身體及心靈都能健康、長壽、逆齡。

結後語（心靈分享二）

　　成就別人就是成就自己，無論在各行各業裡，現今比較少「單打獨鬥」的事業，大部分都是「團體戰」。首先，每位領導人一定要心胸寬廣、三觀（世界、人生、價值）端正、眼光長遠，是比較容易成功，只是在團體中，往往會出現幾種負能量的人，大約分成三種人：

一、下等人踩人：

　　民間有句俗話說：「槍打出頭鳥」，意思是指如果有人表現太好，就容易招惹是非，這種叫做見不得別人好，正如作家扇骨木說的：「有些人就算你沒得罪他，他也會想辦法詆毀你，這種即是下等人，踩你一腳能滿足他們的虛榮心。」

二、中等人擠人：

　　相信大家都聽過心理學著名的「螃蟹定律」，就是把螃蟹放進水桶裡，任何一隻都能自己爬出來，但如果放很多隻在水桶裡，一隻也爬不出來，為何？就是我好不了、你也別想

好，不如一起待在「黑暗深淵」，畢竟嫉妒是人類所有天性中最不幸的一項，因為他不去從自己所擁有的汲取快樂，卻總是從他人的事汲取痛苦，這是悲哀的。

三、上等人幫人：

　　真正大格局的人有遠見，他們眼中的世界是共存的，不會是為了自身利益，而是希望大家都好，自己才能更好。要知道人與人之間互相幫助成就別人，同樣的也會成就自己，所以簡言之：上等人就是人幫人、廣結善緣，腳下的路也才能越走越寬廣。

　　最後，我想和大眾讀者分享的是希望健康、長壽、逆齡、青春不難，除了使用植物幹細胞技術萃取的各種元素來養生外，另一關鍵就是要養心（心靈排毒）。切記！世界衛生組織（WHO）的宣言，人類的心靈健康占據每個人健康總數高達60%，所以筆者除了「植物幹細胞」撰寫外，在生活和身、心、靈也用了很多心思，就是希望每個人都能得到真正的健康。

　　尤其，我的教授說：「做人不能忘本」，我既然學了「生

命醫學」，學了幹細胞、學了免疫學、養生學、身心靈學，就要傳達正確訊息。所以，我一直保持一顆謙遜的學習態度，不敢忘本，正所謂：「莫忘初心」。筆者時時告誡自己：

做人，不能忘本色！

做事，不能忘角色！

努力，不能忘特色！

寫這第4本書，也是基於這些理由，也是想把最珍貴的所學、所知和大家分享。人生在世、形形色色，擁有再多，終會到盡頭。撰寫此書，希望大眾讀者有所受益。終究筆者是將所學回饋給大家，算是「飲水思源、莫忘初心」吧！

紫杉醇

紫杉醇——世界 33% 抗癌藥的組合物

1 棵百年老樹「樹皮」＝ 1 克紫杉醇

生長周期長、市場需求提升、國家實施砍伐管制

植物形成層幹細胞培養

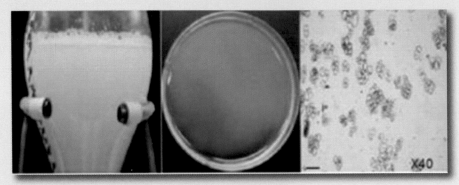

形成層細胞培養

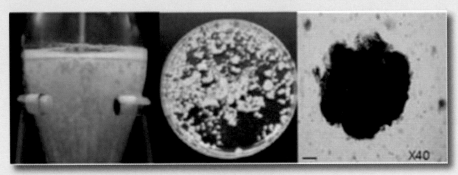

癒傷組織培養

Glory Plant Intelligence Development Korea LTD，GPIDK 是全球第一家植物形成層乾細胞生產基地。尖端技術、大型的現代化生產基地和先進的機械設備，能夠將其應用於食品、藥物、美容等與人類生活息息相關的層面，進而生產出最優質與高效的醫用級保健食品。

植物形成層細胞工廠

植物不定根細胞培養

20 公升培養罐

250 公升培養罐

培養形成層幹細胞

植物形成層細胞

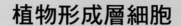

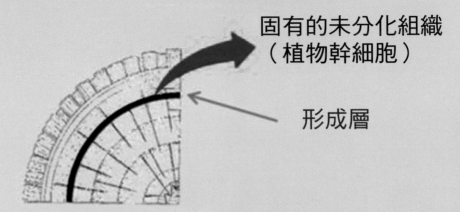

固有的未分化組織
（植物幹細胞）

形成層

癒傷組織

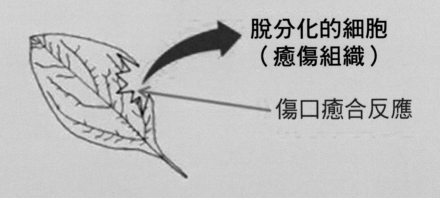

脫分化的細胞
（癒傷組織）

傷口癒合反應

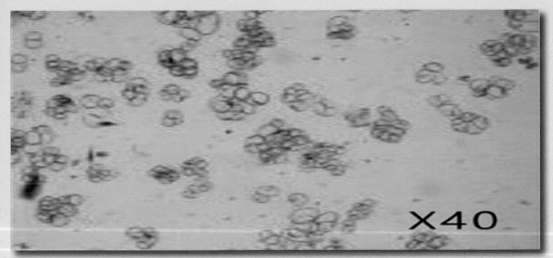

形成層細胞乃同源性細胞，培養細胞活性強大

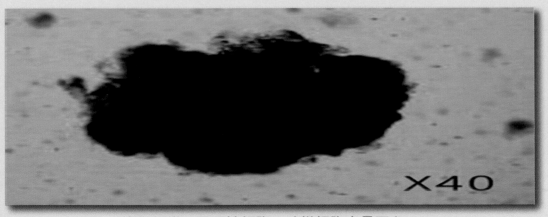

癒傷組織乃異源性細胞，培樣細胞容易死亡

世界上最好的奢侈品
是看不出歲月痕跡
的面容
是優雅驕傲
的姿態
是充滿品質
的生活日常

健康、逆齡
　是永遠相信
自己會越來越好
沒有太多負面情緒
　及有高度自律

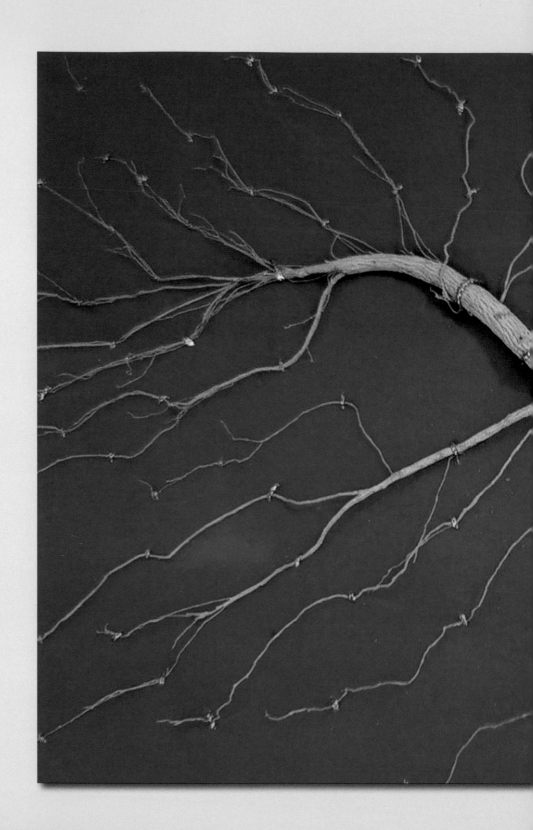

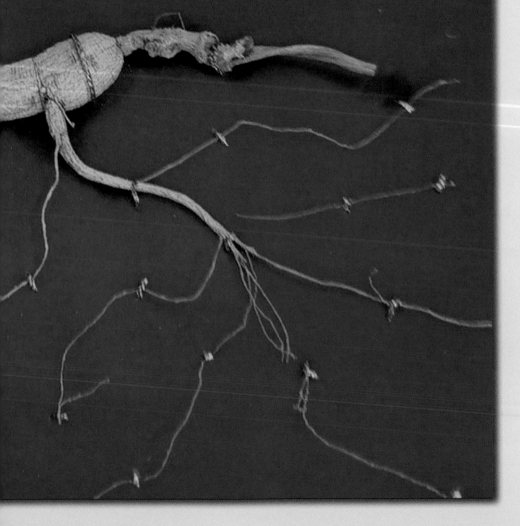

幹細胞之人蔘皂甘元素：
PPD、Rk1、Rg5、
Rg3、Rh2 為您找回
健康、延壽、逆齡之鑰

逆齡生長
不單是外貌上
更多的是
精神、靈魂上的

人生幾何、
青春易逝、
容顏易老
莫負韶華
且舞且歌。

國家圖書館出版品預行編目資料

跨世紀黑科技：神奇植物幹細胞/蔣三寶著. -- 初版.
-- 臺北市：商訊文化事業股份有限公司, 2023.05
　　面；　　　公分. -- (生物科技；YS02201)

ISBN　978-626-96732-1-6（平裝）

1.CST: 植物 2.CST: 幹細胞 3.CST: 細胞工程
4.CST: 生物技術

368.5　　　　　　　　　　　　　　112006665

生物科技系列 YS02201

跨世紀黑科技
——神奇植物幹細胞

作　　　者／蔣三寶
出版總監／張慧玲
編製統籌／翁雅蓁
責任編輯／翁雅蓁
文字編輯／徐美玉
封面設計／劉淑媛
內頁設計／唯翔工作室
校　　　對／蔣三寶、徐美玉、陳睿霖

出 版 者／商訊文化事業股份有限公司
董 事 長／李玉生
總 經 理／王儒哲
副總經理／謝奇璋
發行行銷／姜維君
地　　　址／台北市萬華區艋舺大道303號5樓
發行專線／02-2308-7111#5638
傳　　　真／02-2308-4608

總 經 銷／時報文化出版企業股份有限公司
地　　　址／桃園縣龜山鄉萬壽路二段351號
電　　　話／02-2306-6842
讀者服務專線／0800-231-705
時報悅讀網／http://www.readingtimes.com.tw
印　　　刷／宗祐印刷有限公司

出版日期／2023年5月　初版一刷
定價：390元